Satish Kumar Dewangan
Shobha Lata Sinha
Ajay Vikram Ahirwar

Análise paramétrica do escoamento bifásico utilizando CFD

Satish Kumar Dewangan
Shobha Lata Sinha
Ajay Vikram Ahirwar

Análise paramétrica do escoamento bifásico utilizando CFD

Uma aplicação de CFD em escoamentos bifásicos líquido-gás

ScienciaScripts

Imprint

Cover image: www.ingimage.com

This book is a translation from the original published under ISBN 978-620-2-09542-6.

Publisher:
Sciencia Scripts
is a trademark of
Dodo Books Indian Ocean Ltd. and OmniScriptum S.R.L publishing group

120 High Road, East Finchley, London, N2 9ED, United Kingdom
Str. Armeneasca 28/1, office 1, Chisinau MD-2012, Republic of Moldova, Europe
Printed at: see last page
ISBN: 978-620-7-97695-9

ÍNDICE DE CONTEÚDOS

PREFÁCIO

Atualmente, existe um interesse crescente na simulação de sistemas de escoamento multifásico utilizando métodos computacionais. A Dinâmica dos Fluidos Computacional (CFD) é uma ferramenta computacional muito promissora na investigação numérica dos sistemas de escoamento multifásico. Nesta mesma linha, no presente livro os autores tentaram abordar o caso do escoamento bifásico de líquido-gás através de uma conduta. Desta forma, foi desenvolvida uma metodologia pormenorizada para abordar este caso de escoamento bifásico, não só em condutas mas também noutros sistemas de escoamento. A mesma ideia pode ser alargada a casos de escoamento multifásico.

O primeiro capítulo aborda os sistemas de escoamento multifásico, os escoamentos líquido-gás, as vantagens e a importância da modelação de casos de escoamento multifásico. O capítulo dois aborda a Dinâmica dos Fluidos Computacional e dá conta das várias investigações atualmente realizadas nesta área para o caso dos escoamentos líquido-gás. O capítulo três trata da modelação matemática do escoamento borbulhante, que é um exemplo de sistemas de escoamento bifásico líquido-gás. O capítulo quatro aborda a configuração da simulação para o caso do escoamento líquido-gás utilizando CFD. Neste capítulo, são apresentados a geometria, a malha e os parâmetros de estudo. O capítulo cinco apresenta uma descrição pormenorizada da validação da simulação CFD com os resultados experimentais semelhantes e, em seguida, apresenta os resultados do estudo paramétrico utilizando CFD. O capítulo seis apresenta o resumo e as possíveis direcções de investigação futuras.

Gostaria de agradecer a todas as pessoas envolvidas direta e indiretamente na preparação deste livro. Agradeceria muito os comentários críticos e as sugestões para melhorar esta compilação.

Dr. Satish Kumar Dewangan

Dr. (Menina) Shobha Lata Sinha

Prof. Ajay Vikram Ahirwar

RESUMO

O escoamento multifásico é um fenómeno comum em muitos processos industriais, entre os quais a indústria do petróleo e do gás é importante. Devido à complexidade do escoamento multifásico, é difícil desenvolver uma ferramenta de análise fiável. A dinâmica de fluidos computacional (CFD) tem sido uma ferramenta estabelecida para a análise de escoamentos no domínio dos escoamentos monofásicos há mais de 20 anos, mas só agora começou a estabelecer-se também no domínio multifásico. Para poder utilizar a CFD de uma forma significativa, é importante investigar, compreender e validar os muitos modelos oferecidos nos códigos comerciais.

O objetivo desta tese é, através de simulações numéricas e validação em relação a dados experimentais, construir uma base de conhecimento que possa ser utilizada para definir o escoamento de gás líquido bifásico em procedimentos CFD de tubagens horizontais, o que é muito útil para nós, uma vez que o escoamento de água-gás em tubagens horizontais é mais comum em indústrias, refinarias e até mesmo em casas, automóveis, etc. O modelo multifásico "Fluent" disponível no software ANSYS CFD será investigado para descobrir quais são os parâmetros que afectam a solução e quais são as modificações necessárias a fazer para melhorar a concordância com os dados experimentais, o que, em última análise, ajuda a melhorar as previsões para nos ajudar no futuro. As simulações serão efectuadas com parametrização sistemática para investigar o efeito da alteração dos parâmetros. As simulações foram baseadas num estudo experimental relativo a misturas ar-água que fluem numa tubagem horizontal. Quando uma mistura gás-líquido flui num tubo suficientemente longo para assegurar um escoamento completo, observamos que ocorrerá uma distribuição de fases e que uma maior proporção de gás se concentrará na parte superior do tubo. O objetivo das simulações era encontrar definições que previssem com precisão o fenómeno da distribuição de fases e investigar o efeito da alteração dos parâmetros de simulação.

Com base nas simulações, ficou evidente que a abordagem de modelação Euler-Euler era a mais adequada para prever o fenómeno de distribuição de fases na secção transversal de um tubo horizontal. O resultado simulado para a fração volumétrica e a velocidade está em concordância aproximada com os dados experimentais. No entanto, uma exploração paramétrica mais aprofundada ajudou-nos a compreender as razões das variações entre os dados simulados e os dados experimentais, o que nos levou a tirar algumas conclusões úteis e significativas.

NOMENCLATURA

$C_{\mu}, C_{\varepsilon 1}, C_{\varepsilon 2}$	Constants in k–ε model
C_1, C_2	Constants is used in Equations
C_D	Drag coefficient
C_L	Lift coefficient
C_{TD}	Turbulent dispersion coefficient
d_b	Bubble diameter (m)
g	Gravity acceleration (m/s^2)
G	Turbulence production term (J/m^3 s)
k	Turbulent kinetic energy (m^2/s^2)
$\dot{m}$	Mass flux per control volume (kg/m^3 s)
M	Interphase transfer term (N/m^3)
n_w	Unit normal pointing away from the wall
N_p	Number of phases
p	Pressure (N/m^2)
r, R	Radius of the pipe (m)
Re	Particle Reynolds number, $Re = d_b \lvert \mathbf{u_r} \rvert / \nu_r$
S	Source term,
t	Time (s)
u	Velocity vector (m/s)
u_r	Slip velocity (m/s)
V_G	Volumetric superficial gas velocity (m/s)
V_L	Volumetric superficial liquid velocity (m/s)
x	Spatial coordinates (m)
y_w	Distance to the nearest wall (m)

GREEK LETTERS

ϕ	Transport variable
ρ	Density (kg/m^3)
ε	Turbulent dissipation rate (m^2/s^3)
μ	Viscosity (kg/m s)
υ	Kinematic viscosity (m^2/s)
σ_k, σ_ε	Constants in k–ε model

SUBSCRIPTS

α, β	Phases
b	Bubble
c, d	Continuous, disperse
i, j	Spatial directions
g, l	Gas, liquid
lam, tur	Laminar, turbulent
eff	Effective

SUPERSCRIPTS

D	Drag
L	Lift
LUB	Lubricant
TD	Turbulent dispersion
VM	Virtual

CAPÍTULO 1. INTRODUÇÃO AO ESCOAMENTO BIFÁSICO GÁS-LÍQUIDO

1.1 ANTECEDENTES

Os fluxos borbulhantes são uma caraterística dos fluxos líquido-gás. A análise destes escoamentos é muito importante nas indústrias de processos químicos e nos equipamentos de transferência de calor por convecção que envolvem processos de mudança de fase, etc. O padrão de fluxo no caso de duas fases borbulhantes é identificado pela dispersão de bolhas numa fase líquida contínua. A dimensão máxima das bolhas deve ser muito inferior à dimensão caraterística do sistema que as contém, quer se trate de um recipiente fechado ou de um sistema aberto como um tubo, etc. O fluxo de bolhas orientado horizontalmente é comum na aplicação industrial. As observações experimentais também são difíceis neste caso, uma vez que a migração das bolhas dispersas para o topo do sistema de escoamento, devido à flutuabilidade, provoca uma distribuição altamente não simétrica da fração de volume no sistema de escoamento (por exemplo, secção transversal do tubo). Este facto dificulta as observações experimentais. Esta estratificação da densidade causada por efeitos de flutuabilidade é frequentemente acompanhada por um forte fluxo secundário. [Ekambara et al. 2012]

São utilizadas várias técnicas de medição para descrever o padrão de escoamento em condutas horizontais. Vários investigadores têm contribuído neste domínio. A falta de compreensão do mecanismo da estrutura interna do escoamento borbulhante leva ao desenvolvimento de melhores resultados de simulação computacional do escoamento borbulhante. A influência dos efeitos de entrada não é totalmente compreendida. Os escoamentos em condutas de misturas gás-líquido não apresentam necessariamente uma condição de equilíbrio totalmente desenvolvida. Este facto torna a caraterização da distribuição de fases muito complicada quando feita experimentalmente. Em várias situações, a ondulação periódica surge mesmo na direção do fluxo axial

A expansão da fase gasosa associada ao gradiente de pressão de fricção provoca uma aceleração contínua da mistura e, por conseguinte, um desenvolvimento contínuo do fluxo na direção axial. Atualmente, não existem modelos teóricos exactos sobre a distribuição local da fração de volume, a velocidade de escoamento das fases individuais e a distribuição do campo de turbulência em escoamentos horizontais de tubos bifásicos. É desejável efetuar uma investigação sistemática da estrutura do escoamento interno e do campo de escoamento do escoamento bifásico em tipos horizontais de indústrias. Existem várias razões, como o material da tubagem, o efeito da gravidade, a tensão superficial, a presença de corpos adicionais no escoamento, etc. O material da tubagem utilizada afecta as constantes de tensão superficial para ar-água, o que resulta numa alteração significativa do comportamento do fluxo líquido-gás. Da mesma forma, o efeito da gravidade é importante na alteração da força de empuxo. Assim, estes parâmetros são responsáveis pelas pequenas variações nas curvas dos dados experimentais e simulados, pelo que se pretendem investigações para explorar estes parâmetros e saber como têm efeito na fração volumétrica e no perfil de velocidades do escoamento líquido-gás (velocidades superficiais do líquido e do gás nos campos de escoamento)

1.2 DEFINIÇÕES DE PADRÕES DE ESCOAMENTO PARA ESCOAMENTO BIFÁSICO GÁS-LÍQUIDO EM TUBOS HORIZONTAIS

O padrão de escoamento de um escoamento multifásico refere-se ao seu aparecimento em determinadas condições de funcionamento para um determinado sistema de escoamento. A gama completa de padrões de escoamento pode ser classificada nos cinco grupos seguintes,

(a) Fluxo de bolhas: Isto significa bolhas discretas de gás ou de fluido num fluido contínuo. Esta forma de bolhas a alta velocidade do líquido tende a fluir na parte superior do tubo.

(b) Fluxo de tampão: Ocorrem bolhas assimétricas em forma de bala de nariz.

(c) Escoamento de projeção: um maior aumento da velocidade do gás faz com que as ondas toquem no topo do tubo e o líquido seja transportado pelo gás. Isto significa grandes bolhas num fluido contínuo.

(d) Fluxo de onda: Forma-se com o aumento da velocidade do gás.

(e) Escoamento anular / Escoamento em superfície livre / Escoamento estratificado: A um caudal de gás muito elevado, a garrafa é penetrada por um núcleo de gás e o escoamento torna-se anular. Fluidos imiscíveis separados por uma interface claramente definida.

Esta classificação baseia-se na distribuição de uma fase como sendo contínua ou dispersa. Isto é mostrado na figura 1.1. A maioria dos estudos centrou-se no fluxo de bolhas que pode existir numa vasta gama de condições de fluxo [Andreussi et al., 1999; Bamea, 1987; Li & Kwauk, 1994]. Se o caudal de gás aumenta gradualmente com um caudal de líquido constante, ou vice-versa, surgem três condições dominantes alternadamente entre a fase gasosa e a fase líquida. Estas são as três condições dominantes no fluxo borbulhante. Estas são conhecidas como dominante de gás; coordenada gás-líquido e dominada por líquido. No regime dominante do gás, o líquido existe em gotículas e o seu movimento é controlado pela fase gasosa, por exemplo, o fluxo de névoa. No regime dominante líquido, formam-se bolhas de gás e o seu movimento é controlado pela fase líquida, por exemplo, o fluxo de bolhas dispersas. No regime coordenado gás-líquido, nem a fase gasosa nem a fase líquida podem dominar a outra: os exemplos incluem o escoamento de bolhas flutuantes, o escoamento de projecções e o escoamento ondulatório. De todos os regimes de fluxo acima mencionados, o fluxo de bolhas dispersas e o fluxo de bolhas flutuantes são de maior interesse devido à sua capacidade de proporcionar grandes áreas interfaciais para a transferência de calor e massa em geral e para a fixação ao betume em particular no transporte hidráulico.

Absorventes, aeração, bombas de elevação de ar, cavitação, evaporadores, flotação, depuradores, etc. são exemplos de casos de fluxo de bolhas. Atomizadores, combustores, bombagem criogénica, secadores, evaporação, arrefecimento de gás, depuradores são exemplos de fluxos de gotículas. O movimento de grandes bolhas em tubagens ou reservatórios é um exemplo de fluxo de gotas. O escoamento em dispositivos separadores offshore, a ebulição e a condensação em reactores nucleares são exemplos de escoamento estratificado / de superfície livre

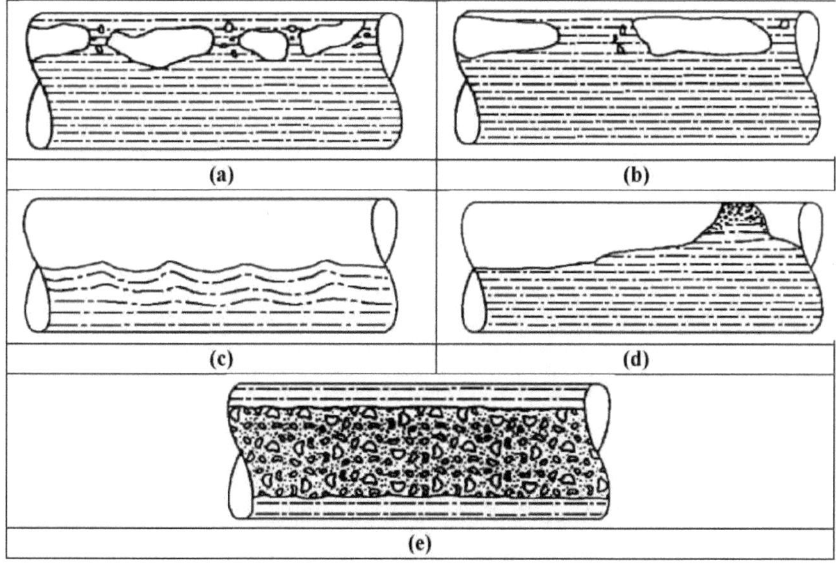

Figura 1.1 Classificação dos padrões de escoamento: (a) escoamento em bolha (b) escoamento em tampão (c) escoamento ondulado (d) escoamento em lesma (e) escoamento anular.

1.3 MODELAÇÃO DE ESCOAMENTOS MULTIFÁSICOS

Um grande número de fluxos encontrados na natureza e na tecnologia são uma mistura de fases. As fases físicas da matéria são o gás, o líquido e o sólido, mas o conceito de fase num sistema de escoamento multifásico é aplicado num sentido mais lato. No escoamento multifásico, uma fase pode ser definida como uma classe identificável

De material que tem uma resposta inercial particular e interação com o fluxo e o campo potencial em que está imerso. Por exemplo, partículas sólidas de diferentes dimensões do mesmo material podem ser tratadas como fases diferentes porque cada conjunto de partículas com a mesma dimensão terá uma resposta dinâmica semelhante ao campo de escoamento.

1.4 NECESSIDADE DE MODELAÇÃO DO FLUXO LÍQUIDO-GÁS

Atualmente, há um grande número de pesquisas, projectos ou investigações em curso sobre o comportamento dos fluidos e a forma como as suas propriedades se alteram por influência de vários parâmetros e condições de fronteira. Verifica-se que é bastante difícil estudar o escoamento multifásico em nanocanais e em tubos e curvas de pequeno diâmetro. É fastidioso anotar com precisão as propriedades durante a realização de uma experiência num canal de escoamento tão pequeno e o equipamento de alta precisão a utilizar é muito dispendioso, exigindo uma grande perícia na sua utilização. Tudo isto faz com que a experiência a realizar seja uma tarefa muito difícil. Nesta era moderna de tecnologia muito avançada, fomos abençoados com técnicas computacionais, computadores e equipamentos muito bons. Isto permite-nos prever os resultados de forma precisa e correta, o que não só poupa tempo e dinheiro, como também ajuda a acelerar as investigações e as inovações. Assim, uma vez que os dados experimentais são validados pelo modelo matemático, este traz a certeza de previsões quase corretas dos outros parâmetros necessários. Isto não só reduz a tarefa de realizar experiências, como também elimina os desvios indesejados nos resultados experimentais devido a algumas circunstâncias inevitáveis que não são esperadas em condições experimentais ideais.

1.5 VANTAGENS DA MODELAÇÃO

No presente livro, foi discutido o procedimento de modelação do escoamento bifásico em tubos horizontais utilizando os métodos computacionais. O modelo prevê pequenos desvios em relação aos resultados experimentais. Explorações posteriores para ultrapassar estes desvios levaram a algumas conclusões importantes que são muito úteis noutros módulos de investigação. Uma vez eliminadas estas pequenas variações através da modificação do modelo matemático atual, este será útil para a conceção de sistemas que envolvam o escoamento multifásico de tubagens horizontais, como os que envolvem aviões voadores, automóveis, tubagens de esgotos industriais que envolvem gases dissolvidos como o dióxido de carbono, o metano, etc.

O livro trata do estudo da configuração e dos dados experimentais, da preparação do modelo matemático, da validação do modelo matemático com os resultados experimentais, da observação da variação dos resultados, da exploração das razões para as variações. O estudo paramétrico que afecta os resultados, e conclui com as vantagens e a implementação do modelo computacional. Foram também sugeridos métodos de aperfeiçoamento.

CAPÍTULO 2. REVISÃO DA INVESTIGAÇÃO DA CFD PARA O ESCOAMENTO LÍQUIDO-GÁS

2.1 INTRODUÇÃO À DINÂMICA DOS FLUIDOS COMPUTACIONAL

A Fluidodinâmica Computacional (CFD) é um dos ramos da Engenharia, que consiste num procedimento computacional para resolver os processos de transporte, tais como o escoamento de fluidos, a transferência de calor e os problemas de transferência de massa. Estes problemas são representados por modelos matemáticos sob a forma de equações determinantes e condições de fronteira. A CFD utiliza métodos numéricos para resolver as equações que descrevem os vários processos de transporte para geometrias e condições de fronteira predefinidas. Isto resulta numa grande quantidade de previsões relativas ao campo de escoamento, envolvendo a velocidade do escoamento, a temperatura, a densidade e as concentrações químicas para qualquer região onde o escoamento ocorra.

Os componentes da dinâmica de fluidos computacional são ilustrados como;

(a) Modelo matemático: Este é o primeiro passo de qualquer método numérico. Dependendo do tipo de aplicação do escoamento, é escolhido um modelo apropriado para a aplicação em causa, como por exemplo, escoamento incompressível, inviscid, turbulento, bidimensional ou tridimensional, etc. O modelo matemático inclui simplificações das leis de conservação exactas.

(b) Método de discretização: Após a modelação matemática, é escolhido um método de discretização adequado. Este é o método de aproximação das equações diferenciais sob a forma de um sistema de equações algébricas para as variáveis num conjunto de localizações discretas no espaço e no tempo. As abordagens mais comuns são: método das diferenças finitas (FDM), método dos volumes finitos (FVM) e método dos elementos finitos (FEM). Outros métodos, como os esquemas espectrais, os métodos dos elementos de fronteira, o método de lattice-boltzman, os métodos sem malha e os autómatos celulares são utilizados em CFD, mas a sua utilização é progressiva. A preferência por um determinado método é frequentemente determinada pela classe do problema e pela atitude do programador.

(c) Sistemas de coordenadas e de vectores de base: As equações de conservação podem ser apresentadas no sistema de coordenadas cartesianas, cilíndricas, esféricas, curvilíneas ortogonais ou não ortogonais. A escolha depende do escoamento pretendido e pode influenciar o método de discretização e o tipo de grelha a utilizar.

(d) Grelha numérica: Descreve as localizações discretas nas quais as variáveis podem ser calculadas. A grelha numérica é uma representação discreta do domínio geométrico do problema em consideração. Assim, o domínio é convertido num número finito de subdomínios.

(e) Aproximações finitas: Este é o método pelo qual as várias equações governantes são convertidas na forma de um conjunto de equações algébricas. Existem diferentes métodos disponíveis para o efeito.

(f) Método de solução: O método de solução depende do problema e do tipo de resultado do conjunto de equações algébricas.

(g) Critérios de convergência: É imperativo definir critérios de convergência para várias variáveis de solução para o método iterativo. Geralmente, existem dois níveis de iterações: iterações internas (dentro das quais a equação linear é resolvida) e iterações externas (lidam com a não linearidade e o acoplamento das equações). A precisão e a eficiência da solução final são determinadas pela seleção adequada das mesmas.

No passado, foi realizado um trabalho de investigação considerável para prever a fração volumétrica e o perfil de velocidade do escoamento da mistura ar-água num tubo horizontal. O conhecimento exato dos parâmetros supramencionados constitui uma grande ajuda na seleção das velocidades superficiais do ar e da água, de modo a controlar a acumulação de gases no topo, o que é significativo em situações como a das refinarias de petróleo, em que se pode evitar a rutura da tubagem devido a tensões de cisalhamento na parede em poços de petróleo e refinarias onde geralmente circulam misturas de petróleo e ar ou gases naturais. Vários factores que afectam o parâmetro, como a queda de pressão, o perfil de velocidade, etc., foram investigados por numerosos investigadores. A maior parte da investigação efectuada no passado centra-se no escoamento de misturas de gases e líquidos em tubos verticais. No presente estudo, antes do trabalho de investigação, procedeu-se a uma revisão exaustiva dos trabalhos publicados no domínio do escoamento gás-líquido em tubagens horizontais, verticais ou inclinadas, com ênfase nos efeitos de parâmetros como o coeficiente de arrasto, o coeficiente de elevação, a distribuição do tamanho das bolhas, etc., que afectam o perfil da fração volumétrica e o perfil da velocidade.

Kocamustafaogullari et al. [1991] efectuaram uma análise experimental dos parâmetros interfaciais locais num escoamento bifásico horizontal com bolhas. Referiu que a fração de volume de gás atinge máximos locais na proximidade da parede superior do tubo. Verificou que, ao aumentar a velocidade superficial do gás a uma velocidade superficial fixa do líquido, a fração de volume de gás local aumentaria.

Ojima et al. [2014] efectuaram a simulação CFD de diferentes tipos de escoamento borbulhante bifásico em tubos horizontais. As simulações de escoamentos borbulhantes heterogéneos numa coluna de bolhas de ar-água foram realizadas para verificar se um escoamento borbulhante heterogéneo é previsível sem duas equações de mais modelos de turbulência. Mas para isso é necessário que a flutuação da velocidade causada pelas estruturas verticais do escoamento em grande escala prevaleça sobre as turbulências induzidas pelas bolhas e pelo cisalhamento.

Govier et al. e Govier e Aziz [1972] apresentaram, para o escoamento bifásico gás-líquido em tubos horizontais, uma descrição pormenorizada de todos os padrões de escoamento possíveis relevantes para as condições de funcionamento, tais como as velocidades superficiais do gás e do líquido. *Holmes et al.* investigaram exaustivamente o regime de escoamento flutuante. Este regime é de grande importância prática.

Lucas et al. [2008] realizaram numerosas experiências com uma sonda de condutância de duplo sensor para medir a distribuição local da velocidade axial do óleo e a distribuição local da fração volumétrica de óleo em escoamentos verticais borbulhantes de óleo em água em tubos verticais. Para todas as condições de escoamento por ele investigadas, verificou-se que o perfil de velocidade axial das gotículas de óleo tinha uma forma de "lei de potência". Esta forma é muito semelhante à forma das distribuições de velocidade do ar observadas para escoamentos borbulhantes ar-água em condições de escoamento semelhantes. A forma da distribuição local da fração volumétrica de óleo dependia muito do valor da fração volumétrica média de óleo.

Jeremy et al. [2014] realizaram uma investigação numérica exploratória dos efeitos gravitacionais no escoamento anular horizontal de gás-líquido para três conjuntos diferentes de condições nos regimes de escoamento anular e estratificado-anular. As estatísticas do campo de velocidade e da altura da película de líquido foram calculadas em função da localização circunferencial no tubo. Isto serve para demonstrar a existência de uma subcamada viscosa dentro da película de líquido, a existência de uma camada viscosa perto da interface e a existência de uma região de lei de registo dentro do núcleo de gás. Foi demonstrado que a situação provável de secagem da parede nas regiões superiores internas do tubo aumenta à medida que os efeitos gravitacionais aumentam. O movimento circunferencial das fases líquida e gasosa na secção transversal do tubo foi analisado. Isto foi feito para informar os possíveis mecanismos de sustentação da película de líquido. Foi também desenvolvido um modelo simples para ajudar a caraterizar a dinâmica do anel de líquido para ajudar a compreender o efeito do fluxo de gás secundário no movimento circunferencial da película. Além disso, a fração de vazio, a altura da película e a assimetria da película foram também comparadas com correlações experimentais.

Dongjian et al. [2004] debruçaram-se sobre a concentração da área interfacial, a fração de vazios e o diâmetro médio exterior das bolhas num escoamento borbulhante ar-água através de um tubo vertical transparente. Os fluxos foram analisados experimentalmente utilizando um sistema de câmara digital de alta velocidade e uma sonda de condutividade de sensor duplo. Os dados experimentais obtidos pelo sistema de câmara digital de alta velocidade foram utilizados para avaliar os vários modelos estatísticos de medição da concentração local da área interfacial obtidos por diferentes investigadores. Isto mostra a clara diferença nos valores de concentração da área interfacial local obtidos utilizando os vários modelos estatísticos, mesmo quando são utilizados os mesmos sinais de sonda.

Chena et al. [2003] efectuaram simulações Eulerianas 2D axissimétricas do escoamento transiente gás-líquido. Para o efeito, foram utilizados algoritmos de escoamento multifásico baseados no método dos volumes finitos. Nestas simulações numéricas, foram cobertas colunas de bolhas à escala laboratorial com diferentes diâmetros. Estas bolhas de diferentes dimensões foram obtidas numa gama de velocidades superficiais do gás que vão desde o regime turbulento com bolhas até ao regime turbulento com agitação. A equação de equilíbrio da população de bolhas foi implementada no modelo de dois fluidos que considera a força de arrasto e emprega o modelo de turbulência k-ε modificado na fase líquida.

Ekambara et al. [2005] efectuaram simulações CFD para prever o padrão de escoamento em reactores de coluna de bolhas utilizando modelos de turbulência k-ε unidimensionais, bidimensionais e tridimensionais. Ele tentou correlacionar com sucesso a simulação da coluna de bolhas cilíndrica real com o processo da coluna real. A razão da escolha da coluna cilíndrica de bolhas é a sua ampla aplicabilidade na indústria. Obteve-se uma boa concordância para os perfis da velocidade axial do líquido e da fração volumétrica de retenção de gás para os três casos. No entanto, no que respeita à propriedade da difusividade parasita, apenas as previsões do modelo 3D se aproximaram dos dados experimentais.

Com o interesse crescente no escoamento multifásico em micro canais e o avanço nas técnicas de captura de interfaces, Gupta et al. [2008] tentaram implementar cálculos numéricos da dinâmica de fluidos na simulação do escoamento de Taylor em micro canais. Os resultados indicam que a película de líquido em torno da bolha de Taylor é muito fina para valores baixos do número capilar (*Ca*), pelo que são necessários métodos de modelação cuidadosos para captar o aparecimento de tais películas de líquido. Os autores desenvolveram uma metodologia para modelar o escoamento de Taylor em micro canais utilizando o ANSYS Fluent. Os resultados estão de acordo com as correlações existentes e com estudos de modelação anteriores válidos.

Lahey [2005] apresentou uma avaliação de vários modelos que podem ser utilizados para a simulação multi-escala de escoamentos multifásicos. Este tipo de escoamento ocorre em reactores nucleares. Em particular, foram discutidos a simulação numérica direta (DNS) e o modelo computacional de dois fluidos turbulentos tridimensionais de quatro campos. É derivado um modelo de escoamento bifluido borbulhante utilizando a teoria do escoamento potencial. Este modelo pode ser alargado a outros regimes de escoamento. Isto envolve resultados médios de conjunto de simulações numéricas diretas (DNS) de vários regimes de escoamento para fornecer os dados numéricos abrangentes necessários para o desenvolvimento de leis de fecho de paredes e interfaciais específicas do regime de escoamento. Mais tarde, em 2008, Lahey [2008] apresentou a simulação numérica direta de vários escoamentos monofásicos e bifásicos incompressíveis e compressíveis. Um solucionador 3D baseado numa grelha adaptativa adequada pode fornecer informações muito pormenorizadas sobre a estrutura do escoamento. Além disso, também foi demonstrado que os dados numéricos detalhados podem ser utilizados para obter modelos de fecho interfacial para a sua utilização na formulação dinâmica de fluidos multifásicos computacional de dois fluidos (CMFD). Estes modelos 3D CMFD de geração avançada podem ser utilizados para a conceção e análise de reactores nucleares.

A interação entre as fases gasosa e líquida é responsável pelas forças que actuam sobre as bolhas e pela coalescência e rutura das bolhas. Assim, é necessário dispor de modelos constitutivos para a interação entre as fases gasosa e líquida

Wang et al. [2004] dotaram-se de modelos constitutivos que representam a interação entre as fases gasosa e líquida. No caso de escoamento borbulhante, isto diz particularmente respeito às forças que actuam sobre as bolhas e à coalescência e desagregação das bolhas. As forças de arrastamento que descrevem a troca de momento na direção do escoamento e as forças de não arrastamento que actuam perpendicularmente à direção do escoamento desempenham um papel importante no desenvolvimento da estrutura do escoamento. O escoamento gás-líquido em tubos verticais e horizontais é um bom objeto para estudar os fenómenos correspondentes. As bolhas movem-se sob condições de fronteira claras, que resultam num campo de cisalhamento de estrutura aproximadamente constante. A evolução do escoamento no interior do tubo depende de uma interação complexa entre as forças das bolhas e a sua coalescência e desagregação. A consequência desta evolução leva à separação radial de bolhas pequenas e grandes. Se este fenómeno for negligenciado, os modelos não são capazes de descrever a estrutura correta do escoamento. Foram realizadas experiências extensivas que mediram a distribuição radial da fração volumétrica de gás, a distribuição do tamanho das bolhas e a residência radial das bolhas em função do seu tamanho, para diferentes distâncias dos locais de injeção de gás. A aplicação do CFX e do ANSYS Fluent foi demonstrada para o caso.

2.2 ESPECIFICAÇÕES DO PROBLEMA

Neste livro, a configuração experimental do escoamento gás-líquido através de um tubo foi modelada em CFD usando o pacote de software ANSYS FLUENT. Assim, as leituras do CFD foram comparadas com os resultados experimentais para um conjunto semelhante de condições de escoamento. Modelámos a configuração experimental no ANSYS Fluent com a ajuda dos dados experimentais fornecidos. Outras explorações no software foram efectuadas para ultrapassar quaisquer possíveis desvios entre a solução do software e os resultados experimentais. O sistema de simulação final é útil na conceção de sistemas que envolvem a tubagem horizontal para o escoamento gás-líquido.

Como caso representativo do escoamento gás-líquido através de um tubo, o escoamento de ar-água através de um tubo de 50,3 mm de diâmetro foi ilustrado neste capítulo. Os casos de escoamento gás-líquido através da tubagem horizontal foram modelados utilizando as equações de escoamento multifásico com média volumétrica. As velocidades superficiais volumétricas do líquido e do gás foram tomadas no intervalo de 3,8 - 5,1 m/s e 0,2 - 1,0 m/s, respetivamente. A fração média do volume de gás foi considerada como estando no intervalo de 4 a 16%. A fração volumétrica de gás prevista e a velocidade média do líquido são comparadas com os dois conjuntos de velocidades superficiais de gás e líquido com dados experimentais de fração volumétrica constante de Kocamustafaogullari e Wang (1991), Kocamustafaogullari e Huang (1994) e Iskandrani e Kojasoy (2001).

A ordem das várias etapas da simulação utilizando CFD é aplicada da seguinte forma para que o escoamento do fluido possa ser facilmente modelado. Inicialmente, é gerado o modelo geométrico que representa a geometria do sistema de escoamento em causa. Esta geometria de entrada é discretizada utilizando os elementos finitos ou o volume finito ou o número de pontos da grelha. Isto gera a grelha ou malha. Esta malha é verificada quanto à sua adequação e à ausência de erros de malha. A geometria do sistema de escoamento pode ser efectuada no ANSYS ou em qualquer outro software de modelação CAD. Para o problema apresentado neste livro, a geometria foi desenvolvida utilizando o ANSYS Workbench. A geometria do escoamento, que é um tubo de diâmetro especificado, é mostrada na figura 3.1.

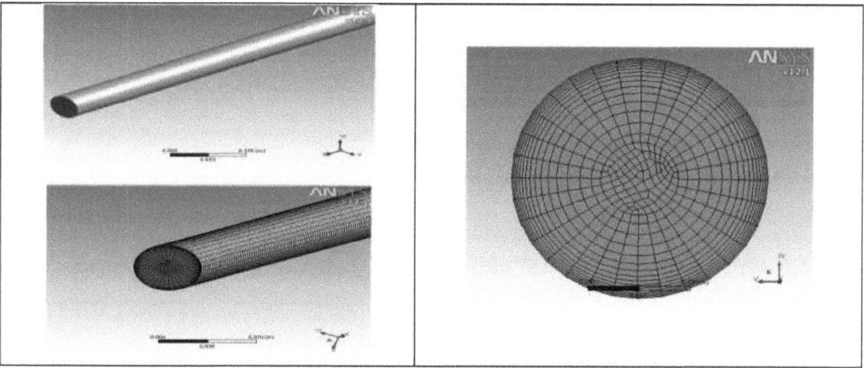

Figura 2.1 Geometria modelada para a tubagem horizontal (Dia. 50,3 mm e Comprimento 9000 mm), geometria e secção transversal da tubagem modelada

A geração de malhas (geração de grelhas), como já foi referido, é o processo de subdivisão de uma região a modelar em elementos finitos ou volumes finitos ou em número de pontos de grelha. Associado ao volume de controlo haverá um ou mais valores das variáveis de escoamento dependentes (por exemplo, velocidade, pressão, temperatura, fração de volume, etc.). As equações governantes são aplicadas a cada um destes elementos finitos ou volumes e, deste modo, as equações governantes são reduzidas a um conjunto de equações algébricas. O número de divisões de volumes finitos, também designadas por células, da geometria da tubagem utilizada no presente problema é constituído por 864006 nós e 838246 células hexaédricas. Isto é apresentado na figura 3.1. Após a conclusão do processo de criação da geometria e de geração da grelha, são definidos os parâmetros de escoamento e as condições de fronteira. Segue-se a discretização das equações de controlo da forma PDE para o conjunto de equações algébricas. Estas equações de fluxo discretizadas são resolvidas submetendo-as às condições de fronteira fornecidas. Existem três métodos diferentes utilizados como discretizador das equações de controlo:

(i) Método das diferenças finitas: O método das diferenças finitas utiliza a expansão da série de Taylor para escrever as derivadas de uma variável como as diferenças entre os valores da variável em vários pontos no espaço ou no tempo.

(ii) Método dos elementos finitos: No método dos elementos finitos, o domínio do fluido em consideração é dividido num número finito de subdomínios, conhecidos como elementos. Assume-se uma função simples para a variação de cada variável dentro de cada elemento. A soma da variação da variável em cada elemento é utilizada para descrever todo o campo de escoamento.

(iii) Método dos volumes finitos: O método dos volumes finitos é atualmente o método mais popular em CFD. A principal razão é que pode resolver algumas das dificuldades que os outros dois métodos têm. De um modo geral, o método dos volumes finitos é um caso especial de elementos finitos.

Existem vários esquemas numéricos para resolver as equações algébricas, dependendo da sua natureza matemática. Uma vez resolvidas estas equações, os resultados são gerados e apresentados sob a forma das variáveis pretendidas. Esta apresentação e a posterior discussão dos resultados são da competência do pós-processador.

CAPÍTULO 3. MODELAÇÃO MATEMÁTICA DO ESCOAMENTO BORBULHANTE

3.1 EQUAÇÕES DE GOVERNAÇÃO DO ESCOAMENTO BORBULHANTE LÍQUIDO-GÁS

As abordagens de modelação do escoamento multifásico podem ser classificadas de acordo com a figura 3.1;

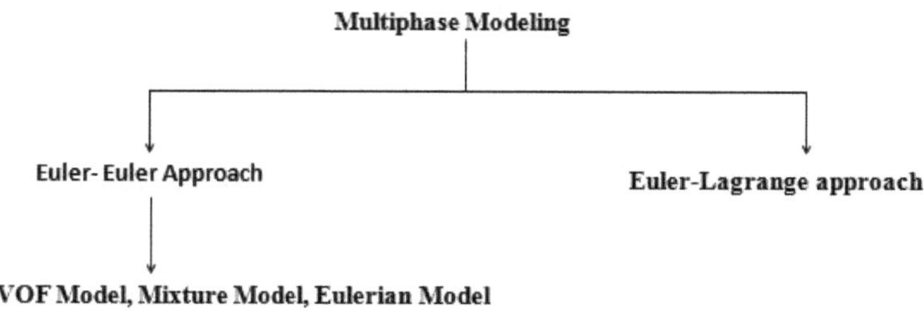

Figura 3.1 Abordagens de modelação multifásica

(a) Abordagem de Euler-Langrange

O modelo Lagrangiano de fase discreta do ANSYS FLUENT (descrito neste capítulo) segue a abordagem de Euler-Lagrange. A fase fluida é tratada como um contínuo através da resolução das equações de Navier-Stokes, enquanto a fase dispersa é resolvida através do rastreamento de um grande número de partículas, bolhas ou gotículas através do campo de escoamento calculado. A fase dispersa pode trocar momento, massa e energia com a fase fluida

Esta abordagem torna-se consideravelmente mais simples quando as interações partícula-partícula podem ser negligenciadas, o que exige que a segunda fase dispersa ocupe uma fração de volume baixa, embora seja aceitável uma carga de massa elevada ($m_{partícula} > m_{fluido}$). As trajectórias das partículas ou das gotículas são calculadas individualmente a intervalos específicos durante o cálculo da fase fluida. Isto torna o modelo adequado para a modelação de secadores por pulverização, combustão de carvão e combustíveis líquidos e alguns escoamentos carregados de partículas, mas inadequado para a modelação de misturas líquido-líquido, leitos fluidizados ou qualquer aplicação em que a fração de volume da segunda fase não possa ser negligenciada. Para aplicações como estas, as interações partícula-partícula podem ser incluídas utilizando o Modelo de Elementos Discretos, que é discutido em Modelo de Colisão do Método de Elementos Discretos.

(b) Abordagem de Euler-Euler

Na abordagem de Euler-Euler, as diferentes fases são tratadas matematicamente como contínuos interpenetrantes. Uma vez que o volume de uma fase não pode ser ocupado pelas outras fases, é introduzido o conceito de fração de volume físico. Estas fracções de volume são assumidas como funções contínuas do espaço e do tempo e a sua soma é igual a um. As equações de conservação para cada fase são derivadas para obter um conjunto de equações, que têm uma estrutura semelhante para todas as fases. Estas equações são fechadas através de relações constitutivas que são obtidas a partir de informação empírica ou, no caso de escoamentos granulares, através da aplicação da teoria cinética. Os três diferentes modelos multifásicos de Euler-Euler, nomeadamente o modelo de volume de fluido (VOF), o modelo de mistura e o modelo Euleriano, são discutidos nas linhas seguintes.

Modelo de volume de fluido (VOF)

O modelo VOF é uma técnica de seguimento de superfícies aplicada a uma malha Euleriana fixa. Foi concebido para dois ou mais fluidos imiscíveis em que a posição da interface entre os fluidos é de interesse. Esta abordagem é particularmente aplicável a escoamentos estratificados ou separados em que a fase dispersa está bem separada da fase contínua com uma interface distinta. A formulação VOF baseia-se no facto de dois ou mais fluidos não se interpenetrarem. Para cada fase adicional que adicionamos ao modelo, é introduzida uma variável: fração de volume da fase na célula computacional. No modelo VOF, um único conjunto de equações de momento é partilhado pelos fluidos e a fração volumétrica de cada um dos fluidos em cada célula computacional é monitorizada ao longo do domínio. As aplicações do modelo VOF incluem escoamentos estratificados, escoamentos de superfície livre, enchimento, sloshing e o movimento de grandes bolhas num líquido

Modelo de mistura

O modelo de mistura é concebido para duas ou mais fases (fluido ou partículas). O modelo de mistura é um modelo multifásico simplificado que pode ser utilizado para modelar escoamentos multifásicos em que as fases se movem a diferentes velocidades. Também pode ser utilizado para modelar escoamentos multifásicos homogéneos com um acoplamento muito forte. Tal como no modelo Euleriano, as fases são tratadas como contínuos interpenetrantes. O modelo de mistura resolve a equação do momento da mistura e prescreve velocidades relativas para descrever a fase dispersa. O modelo de mistura é um bom substituto para o modelo multifásico Euleriano em vários casos. Um modelo multifásico completo pode não ser viável quando há uma ampla distribuição da fase particulada ou quando as leis interfásicas são desconhecidas. As aplicações do modelo de mistura incluem escoamentos carregados de partículas com baixa carga, escoamentos borbulhantes e separadores de sedimentação e de ciclones. O modelo de mistura também pode ser utilizado sem velocidades relativas para a fase dispersa para modelar escoamentos multifásicos homogéneos.

Modelo Euleriano

O modelo Euleriano é o mais complexo dos modelos multifásicos. Resolve um conjunto de equações de momento e continuidade para cada fase. Os acoplamentos são obtidos através dos coeficientes de pressão e de troca entre fases. A forma como este acoplamento é tratado depende do tipo de fases envolvidas; os escoamentos granulares (fluido-sólido) são tratados de forma diferente dos escoamentos não granulares (fluido-fluido). Para os escoamentos granulares, as propriedades são obtidas a partir da aplicação da teoria cinética. A troca de momento entre as fases também depende do tipo de mistura que está a ser modelada. As aplicações do Modelo Multifásico Euleriano incluem colunas de bolhas, risers, suspensão de partículas e leitos fluidizados. A solução do modelo é baseada nas seguintes simplificações:

1. Uma única pressão é partilhada por todas as fases.
2. As equações de momento e de continuidade são resolvidas para cada fase.
3. Os seguintes parâmetros estão disponíveis para as fases granulares:

a. Temperatura granular e

b. Cisalhamento em fase sólida e viscosidade aparente

O escoamento do gás-líquido é modelado utilizando o caso de escoamentos estáveis de duas fases. Assim, as equações da continuidade e do momento, em regime estacionário e com média volumétrica, são apresentadas para cada fase na abordagem Euleriana. Seja $\vec{u}_g$,$\vec{u}_L$, C_g , C_L, ρ_s and ρ_L e denotam a velocidade, a concentração volumétrica e a densidade da fase gasosa (sufixo 'g') e da fase portadora (sufixo 'L'), respetivamente. A soma das concentrações de gás e de líquido é igual à unidade. Com estas definições, e utilizando quantidades médias intrínsecas, as equações de continuidade estável para as fases sólida e líquida são escritas como:

$$\nabla.(C_k \rho_k \vec{v}_k) = S_m \tag{3.1}$$

Onde, k é o índice representativo para várias fases líquidas e gasosas.

Da mesma forma, a equação do momento estacionário para as fases líquida e gasosa é,

$$\nabla.(C_k \rho_k \vec{v}_k \vec{v}_k) = - C_k \nabla_p + \nabla.(C_k \tau_k) + C_k \rho_k \vec{g} + \vec{R} + C_k \rho_k (\vec{F}_k + \vec{F}_{lift,k} + \vec{F}_{vm,k}) \tag{3.2}$$

Onde, p é a pressão, τ_k é o tensor de tensão, $\vec{g}$ é a aceleração devida à gravidade e $\vec{R}$ é a força de interação entre as duas fases. Assume-se que a pressão é a mesma para todas as fases. A pressão na interface entre as fases é assumida como sendo a pressão média. No último termo do lado direito da equação 2, $\vec{F}_k$ é a força do corpo, $\vec{F}_{lift,k}$ é uma força de elevação e $\vec{F}_{vm,k}$ é a força de massa virtual por unidade de massa da fase k. A fase gasosa é apresentada pelo sufixo g e a fase portadora é denotada pelo sufixo L. Nas linhas seguintes, estas equações foram elaboradas utilizando notações mais convenientes para os leitores.

3.2 FORMULAÇÃO MATEMÁTICA DO MODELO EULERIANO MODELO MULTIFÁSICO

No caso do presente livro, é utilizado o modelo multifásico Euleriano, em que tanto a fase líquida como a fase sólida são consideradas como contínuos interpenetrantes. O modelo Euleriano-Lagrangiano, que permite o seguimento de partículas, é, em princípio, mais realista. Após a avaliação da literatura relevante, conclui-se que o número de partículas que podem ser rastreadas por diferentes softwares comerciais é muito limitado, limitando assim a aplicabilidade do modelo Euleriano-Lagrangiano apenas a misturas diluídas,

Para passar de um modelo monofásico, em que é resolvido um único conjunto de equações de conservação do momento, da continuidade e (opcionalmente) da energia, para um modelo multifásico, devem ser introduzidos conjuntos adicionais de equações de conservação. No processo de introdução de conjuntos adicionais de equações de conservação, o conjunto original também deve ser modificado. As modificações envolvem, entre outras coisas, a introdução das fracções de volume $\alpha_1, \alpha_2, \alpha_3 \ldots \alpha_n$ para as múltiplas fases, bem como mecanismos para a troca de momento, calor e massa entre as fases.

A equação de continuidade para a fase q é dada como

$$\nabla \cdot (\alpha_p \rho_p \vec{v}_p) = 0; \quad (3.3)$$

Em que o sufixo p corresponde à fase sólida ou à fase fluida.

A equação do momento para a fase líquida de sufixo f é dada como

$$\nabla \cdot (\alpha_f \rho_f \vec{v}_f \vec{v}_f) = -\alpha_f \nabla P + \nabla \cdot \bar{\bar{\tau}}_f + \alpha_f \rho_f \vec{g} + K_{sf}(\vec{v}_s - \vec{v}_f) + F_L + F_{VM}; \quad (3.4)$$

Para a fase sólida ou fase gasosa ou fase de gotículas é dado como:

$$\nabla \cdot (\alpha_s \rho_s \vec{v}_s \vec{v}_s) = -\alpha_s \nabla P - \nabla P_s + \nabla \cdot \bar{\bar{\tau}}_s + \alpha_s \rho_f \vec{g} + K_{fs}(\vec{v}_s - \vec{v}_f) + F_L + F_{VM} \quad (3.5)$$

Aqui, f representa o fluido, s representa o sólido, a gota ou a bolha, α representa a fração volumétrica ou a concentração das fases, ρ representa a densidade, v representa a velocidade, g representa a gravidade, F_L representa a força de elevação, F_{VM} representa a força da massa virtual, $\bar{\bar{\tau}}_s$ tensor de tensão, ∇P gradiente de pressão estática , K_{sf} coeficiente de arrastamento interfásico.

A equação de energia para a fase q é dada como

$$\frac{\partial}{\partial t}(\alpha_q \rho_q h_q) + \nabla \cdot (\alpha_q \rho_q \vec{u}_q h_q) = \alpha_q \frac{\partial P_q}{\partial t} + \bar{\bar{\tau}}_q : \nabla \vec{u}_q - \nabla \cdot \vec{q}_q + S_q + \sum_{p=1}^{n}(Q_{pq} + \dot{m}_{pq} h_{pq} - \dot{m}_{qp} h_{qp}) \quad (3.6)$$

Aqui, h_q representa a entalpia específica da fase q, $\vec{q}_q$ representa o fluxo de calor, S_q representa o termo fonte, Q_{pq} representa a troca de calor entre as fases p e q, h_{qp} e representa a interfase entalpia.

A equação da fração de volume para a fase q é dada como

$$\sum_{q=1}^{n} \alpha_q = 1 \quad (3.7)$$

Em que α_q representa a concentração de fase da partícula, bolha ou gotícula q.

O primeiro passo na resolução de qualquer problema multifásico é determinar qual dos regimes representa melhor o escoamento. As diretrizes gerais fornecem algumas ideias gerais para determinar os modelos adequados para cada regime e as diretrizes detalhadas fornecem pormenores sobre como determinar o grau de acoplamento entre fases para escoamentos que envolvem bolhas, gotículas ou partículas e os modelos adequados para diferentes quantidades de acoplamento.

Quadro 3.1 Seleção de diferentes modelos multifásicos

Fração volumétrica da fase dispersa < 10%	Modelo de fase discreta
Fração volumétrica de fase discreta > 10%	Modelo de mistura, modelo Euleriano
Transporte pneumático	Modelo de mistura para fluxo homogéneo, Modelo Euleriano para escoamento granular
Transporte de lamas	Modelo de mistura, modelo Euleriano

Uma vez determinado o regime de escoamento, a melhor representação de um sistema multifásico pode ser selecionada utilizando um modelo adequado

3.3 MODELAÇÃO MATEMÁTICA DA TURBULÊNCIA

O fluxo de fluido turbulento é uma condição irregular de fluxo em que as várias quantidades mostram uma variação aleatória com as coordenadas do tempo e do espaço, de modo que podem ser observados valores médios estatisticamente distintos. Um movimento de fluido em que a velocidade, a pressão e outras grandezas do fluxo flutuam irregularmente no tempo e no espaço.

Complexidade da modelação da turbulência

A complexidade dos diferentes modelos de turbulência pode variar muito, dependendo dos pormenores que se pretendem observar e investigar através da realização de tais simulações numéricas. A complexidade deve-se à natureza da equação de Navier-Stokes (equação N-S). A equação de Navier-Stokes é inerentemente não linear, dependente do tempo, uma EDP tridimensional.

A turbulência pode ser considerada como uma instabilidade do fluxo laminar que ocorre com um número de Reynolds (Re) elevado. As interações rotacionais e tridimensionais estão mutuamente ligadas através do alongamento de vórtices. O estiramento de vórtices não é possível em espaços bidimensionais. Além disso, a turbulência é considerada um processo aleatório no tempo. Por conseguinte, não é possível uma abordagem determinística. Outra caraterística importante do fluxo turbulento é o facto de a estrutura dos vórtices se mover ao longo do fluxo. O seu tempo de vida é geralmente muito longo. Por conseguinte, certas quantidades turbulentas não podem ser especificadas como locais.

Classificação dos modelos de turbulência

Os caudais turbulentos podem ser calculados utilizando várias abordagens diferentes. Quer resolvendo a equação de Navier-Stokes com média de Reynolds com modelos adequados para as quantidades turbulentas, quer calculando-as diretamente, as principais abordagens são apresentadas na figura 3.2;

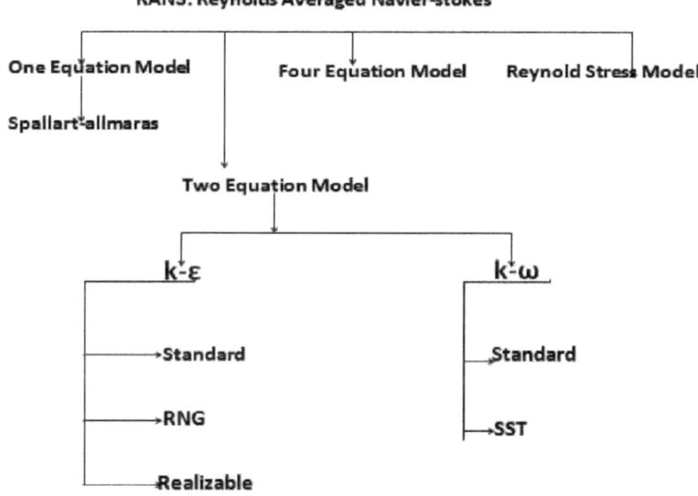

Figura 3.2 Classificação dos modelos de turbulência

Modelo padrão *k*-∈ modelo

O modelo padrão *k*-∈ é um modelo semi-empírico baseado em equações de transporte de modelos para a energia cinética da turbulência (*k*) e a sua taxa de dissipação ( ). A equação de transporte do modelo para k é derivada da equação exacta, enquanto a equação de transporte do modelo para ∈ foi obtida utilizando raciocínio físico e tem pouca semelhança com a sua contrapartida matematicamente exacta.

Na derivação do modelo k-∈ o pressuposto é que o escoamento é totalmente turbulento e que os efeitos da viscosidade molecular são negligenciáveis. O modelo k-∈ é, por conseguinte, válido apenas para escoamentos totalmente turbulentos.

As equações de transporte para o modelo padrão k-∈ O modelo é;

A energia cinética da turbulência k, e a sua taxa de dissipação ∈são obtidas a partir das seguintes equações de transporte:

$$\frac{\partial}{\partial t}(\rho k) + \frac{\partial}{\partial x_i}(\rho k u_i) = \frac{\partial}{\partial x_j}\left[\left(\mu + \frac{\mu_t}{\sigma_k}\right)\frac{\partial k}{\partial x_j}\right] + G_k + G_b - \rho\epsilon - Y_M + S_k \quad (3.8)$$

E,

$$\frac{\partial}{\partial t}(\rho \epsilon) + \frac{\partial}{\partial x_i}(\rho \epsilon \mu_i) = \frac{\partial}{\partial x_j}\left[\left(\mu + \frac{\mu_t}{\sigma_\epsilon}\right)\frac{\partial \epsilon}{\partial x_j}\right] + C_{1\epsilon}\frac{\epsilon}{k}(G_k + C_{3\epsilon}G_b) - C_{2\epsilon}\rho\frac{\epsilon^2}{k} + S_\epsilon \quad (3.9)$$

Nestas equações, G_k representa a geração de energia cinética da turbulência devido aos gradientes de velocidade média, G_b representa a geração de energia cinética da turbulência devido à flutuabilidade, Y_M representa a contribuição da dilatação flutuante na turbulência compressível para a taxa de dissipação global, $C_{1\in}$, $C_{2\in}$, e $C_{3\in}$ são constantes. σ_k e $\sigma_\in$ são os números de Prandtl turbulentos para k e ∈respetivamente. S_k e $S_\in$ são termos de origem definidos pelo utilizador.

A viscosidade turbulenta (ou de Foucault), μ_t é calculada através da combinação de k e como se segue:

$$\mu_t = \rho C_\mu \frac{k^2}{\epsilon} \quad (3.10$$

Onde C_μ é uma constante.

As constantes do modelo $C_{1\in}$, $C_{2\in}$, C_μ, σ_k, e $\sigma_\in$ têm os seguintes valores por defeito $C_{1\in}$= 1.44, $C_{2\in}$= 1.92, C_μ= 0.09, σ_k= 1.0, $\sigma_\in$= 1.3 . Estes valores por defeito foram determinados a partir de experiências com ar e água para escoamentos turbulentos de cisalhamento fundamentais, incluindo escoamentos de cisalhamento homogéneos e turbulência isotrópica decrescente em grelha. Verificou-se que funcionam razoavelmente bem para uma vasta gama de escoamentos de cisalhamento livre e limitado por paredes.

A seleção do modelo de turbulência para um determinado problema afecta grandemente o resultado da simulação. Assim, algumas das orientações relativas à seleção do modelo de turbulência para um determinado problema são as seguintes

> **Modelo Spalart-Allmaras:** Económico para malhas grandes. Tem um desempenho fraco para escoamentos 3D e escoamentos com forte separação. Adequado para escoamentos 2D externos/internos e escoamentos de camada limite.

> **Padrão k-ε:** Amplamente utilizado apesar das limitações conhecidas do modelo. Tem um desempenho fraco em escoamentos complexos que envolvam gradientes de pressão severos e separação.

> **k-ε realizável:** Adequado para escoamentos de cisalhamento complexos que envolvam deformação rápida, turbilhão moderado, escoamento localmente transitório (por exemplo, separação da camada limite, derramamento de vórtice atrás de corpos de blefe, ventilação de sala).

> **Padrão k-ω:** Desempenho superior para escoamentos com camada limite limitada pela parede e baixo número de Reynolds. Adequado para escoamentos complexos de camada limite sob gradiente de pressão adverso e separação (aerodinâmica externa e máquinas turbo)

> **SST k-ω:** Oferece os mesmos benefícios que o k-ω padrão, mas as dependências da distância da parede tornam-no menos adequado para o fluxo de cisalhamento livre.

> **RSM:** Adequado para escoamentos 3D complexos com forte curvatura da linha de fluxo, forte turbilhão/rotação (por exemplo, conduta curva, combustores de turbilhão, ciclones)

CAPÍTULO 4 . METODOLOGIA COMPUTACIONAL PARA O ESCOAMENTO LÍQUIDO-GÁS

4.1 GEOMETRIA E MALHA

A distribuição das fases internas de um escoamento em co-corrente, ar-água, com bolhas, numa conduta horizontal de 50,3 mm de diâmetro interior. A tubagem horizontal foi modelada utilizando as equações de escoamento multifásico com média volumétrica. As velocidades superficiais volumétricas do líquido e do gás variaram na gama de 3,8 a 5,1 m/s e 0,21,0 m/s, respetivamente, e a fração média do volume de gás variou na gama de 4 a 16%. A fração de volume de gás prevista e a velocidade média do líquido são comparadas com os dois conjuntos de velocidades superficiais de gás e líquido com dados experimentais de fração de volume constante de Kocamustafaogullari e Wang (1991); Kocamustafaogullari e Huang (1994) e Iskandrani e Kojasoy (2001). Obtém-se uma boa concordância quantitativa com os dados experimentais com o modelo k- ε com tamanho de bolha constante.

Nesta secção é apresentada a metodologia. Em primeiro lugar, discute-se a geometria e a malha. Segue-se a escolha das configurações de simulação e uma descrição das condições de fronteira. Em seguida, é apresentada a validação das simulações fluentes com dados experimentais e, por último, são apresentados os critérios de convergência e avaliação.

Aqui é projetado um tubo reto simples utilizando o ANSYS design modeler (DM), com 50,3 mm de diâmetro e 9 m de comprimento. Em seguida, a malha é feita utilizando o Ansys ICEM Meshing, a malha mais fina é feita perto da área de fronteira e a malha um pouco menos densa é mantida na parte central do tubo. Utilizou-se uma abordagem de malha estruturada em blocos para criar malhas com apenas células hexaédricas/quadriculadas. Foram efectuados refinamentos na proximidade da parede do tubo para resolver as rápidas alterações do escoamento que aí ocorrem. Os elementos mais pequenos foram criados na parede para resolver as camadas limite e o tamanho das células foi aumentado em 10% na direção radial. No entanto, a malha de 864006 nós e 838246 células hexaédricas resultou na malha de corpo inteiro. A secção transversal da malha do tubo pode ser vista na figura 4.1.

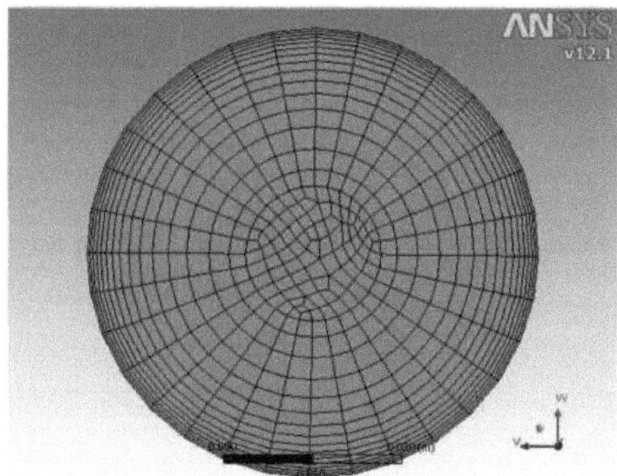

Figura 4.1 Secção transversal em malha do tubo modelado

4.2 DEFINIÇÕES DE SIMULAÇÃO

Foram testadas várias combinações de definições. Os parâmetros foram sistematicamente alterados a fim de investigar o seu efeito nos resultados. Por fim, foram obtidas as combinações corretas de definições, o que permite que os resultados da simulação estejam de acordo com os dados experimentais. Na primeira parte da simulação, foram utilizados os dados experimentais de dois casos, como indicado na tabela 4.1, para validar o software e, depois, com uma concordância considerável, foram efectuadas outras simulações paramétricas para uma análise razoável que justificasse as variações entre as curvas simuladas e experimentais. A configuração da simulação utilizada é apresentada na tabela 4.2

Quadro 4.1 Detalhes do caso de experiência

Número do processo	**V_{sG}(m/s)**	**V_{sL}(m/s)**	**α (fração de volume de gás)**
1.	0.42	4.67	0.085
2	0.8	5.1	0.139

Tabela 4.2 Definições de simulação no software

Categoria	**Descrição**	**Entrada**

	Tipo de solucionador	Com base na pressão
Geral	Formulação da velocidade	Absoluto
	Tempo	Firme
	Gravidade	x = 0; y = -9,8m/s^2 ; z = 0
Modelo	Modelo multifásico	Modelo Euleriano Nº de fases : 2 Esquema:-Implícito
	Modelo viscoso	turbulência *k-ε*, funções de parede padrão padrão Modelo de mistura de turbulência
Propriedades de fase e interação	Fase 1 (Primária)	A água como fase líquida
	Fase 2 (Secundário)	Ar como fase gasosa (para outros inquéritos CO_2 , N_2 , e CH_4 respetivamente)
	Diâmetro da bolha	2 mm (constante)
	Tensão superficial	0,07182 N/m
	Coeficiente de elevação	-0.2
	Coeficiente de arrasto	Lei do arrastamento universal
Estado de funcionamento	Pressão de funcionamento	101325 pa
	Aceleração gravitacional	9,81 m/s^2 na direção y negativa
Condição de fronteira	Entrada	Velocidade de entrada normal à fronteira com valor constante para ambas as fases e fração de volume constante para a fase secundária.
	Saída	Escoamento com ponderação de caudal constante

	parede	Antiderrapante na parede
Controlo da solução	Acoplamento pressão-velocidade	Acoplamento de fase-SIMPLE
	Momento	Lei da potência
	Fração de volume	Direito rápido
	Energia cinética turbulenta	Lei da potência
	Taxa de dissipação turbulenta	Lei da potência

Quadro 4.3 Condições de funcionamento

Geometria	Diâmetro =50,3mm; Comprimento=9000mm
Fase gasosa	Ar a 25^0
Fase líquida	Água a 25^0
Velocidade superficial do gás	0,2-1 m/s
Velocidade superficial do líquido	3,8-5,1 m/s
Fração média do volume de gás	0.04-0.16

A velocidade de entrada e a fração de volume para a fase gasosa e líquida foram conhecidas a partir do estudo experimental. Para as condições de fronteira, consultar a tabela no. 4.3. Além disso, foram efectuados mais alguns ajustes paramétricos para aproximar o código fonte das condições experimentais. As modificações adicionais efectuadas são as seguintes:-

Método de especificação: para a intensidade da turbulência e o diâmetro hidráulico;

- Intensidade turbulenta (%) = 10
- Diâmetro hidráulico (m) = 0,0503 = Diâmetro interior do tubo.

4.3 CRITÉRIOS DE CONVERGÊNCIA E CRITÉRIOS DE AVALIAÇÃO

A convergência foi avaliada com base em três critérios. Em primeiro lugar, os resíduos normalizados das equações do momento, da continuidade, da turbulência e da fração volumétrica foram monitorizados e deveriam, desejavelmente, ser inferiores a 0,001. No entanto, é necessário aumentar estes critérios de convergência para, pelo menos, 1e-069. Contudo, este critério, por si só, não é suficiente para avaliar a validade da solução. Em alguns casos, o critério residual pode nunca ser cumprido, apesar de a solução ser válida, e noutros casos a solução pode ser incorrecta, apesar de os resíduos serem baixos. Por conseguinte, a conservação da massa e as pressões de saída foram também monitorizadas. A diferença fraccionada no fluxo de massa para dentro e para fora do domínio deve ser inferior a 0,01% e o fluxo de massa através das fronteiras abertas, bem como a pressão em cada saída, devem permanecer constantes durante um certo número de iterações, se se considerar que a simulação convergiu.

Os resultados de uma simulação numérica podem ser avaliados com base em diferentes critérios. Um modelo mais complexo pode produzir resultados exactos para um nível de informação muito pormenorizado, mas muitas vezes implica também tempos de cálculo longos e/ou instabilidades numéricas. O que é considerado um bom resultado depende do tipo de análise a efetuar. Por exemplo, para um estudo concetual, uma simulação rápida que permita uma compreensão básica da situação do escoamento pode ser considerada a melhor, embora possam ser produzidos resultados mais exactos com um modelo mais complexo. No entanto, para um estudo pormenorizado, a precisão das simulações é provavelmente mais importante do que o tempo necessário. Para ter em conta todas as perspectivas, as simulações foram avaliadas com base nas três condições seguintes: exatidão, necessidade de tempo e estabilidade numérica.

O critério de exigência de tempo foi simples. Se uma simulação necessitasse de pouco tempo para convergir, era considerada boa em termos de tempo e vice-versa para tempos de cálculo longos. Para julgar a precisão dos resultados, foi avaliada a previsão de fenómenos de escoamento conhecidos e/ou valores/caraterísticas conhecidos. Para o terceiro critério, a estabilidade numérica, a avaliação baseou-se na dificuldade em obter uma solução convergente. Se foi necessário reduzir os factores de relaxação e/ou utilizar outros métodos de estabilização da solução para obter a convergência, a simulação foi considerada menos boa em termos de estabilidade.

CAPÍTULO 5. VALIDAÇÃO COMPUTACIONAL E ANÁLISE PARAMÉTRICA DO ESCOAMENTO LÍQUIDO-GÁS

Nesta secção do livro, os resultados das simulações são apresentados e comparados com os dados experimentais. Na secção 5.1, são apresentadas as validações dos casos 1 e 2, comparando os resultados simulados com os resultados experimentais estabelecidos. Estes são discutidos e mostrados com a ajuda do gráfico da fração de volume à saída ao longo das posições diametrais verticais. Posteriormente, na secção 5.2, foi feita a análise paramétrica para captar os efeitos das variações da constante gravitacional, das constantes de tensão superficial e dos efeitos das variações das secções transversais, uma vez que se nota que, como o tubo tem um diâmetro pequeno, o sensor de malha metálica utilizado na experiência reduz significativamente a área efectiva. Por fim, nas secções 5.4 e 5.5, respetivamente, é feita uma análise dos problemas de convergência e das possíveis fontes de erro.

5.1 VALIDAÇÃO DO MODELO MATEMÁTICO (PACOTE FLUENT DO ANSYS 12.1)

Dispomos de dados experimentais sobre os valores da fração volúmica do gás e da velocidade do líquido à saída do tubo, que variam ao longo da posição diametral vertical e da posição diametral horizontal

(a) Validation of case 1 ($V_{sg} = 0.42$; $V_{sl} = 4.67$; $\alpha = 0.085$):

A primeira parte mais importante deste livro é a validação do código do software ANSYS Fluent com os dados experimentais. Na figura 5.1 estão representados gráficos de validação da fração volumétrica e do perfil de velocidade. É claramente visível a partir destas curvas que a curva simulada mostra uma boa concordância com os dados experimentais, respetivamente. A partir de outras investigações paramétricas feitas para as pequenas variações nas curvas entre o simulado e o experimental, verifica-se que há vários factores e parâmetros que afectam a solução, como por exemplo. Considera-se que a experiência é efectuada para uma tubagem horizontal. Mas o ponto a ter em atenção é que nenhum lugar na Terra é exatamente plano ou horizontal, pois há gradientes em todo o terreno, como se não houvesse, então como é que os processos naturais, como o fluxo dos rios, etc., se processam, por isso, devido ao gradiente do terreno, o tubo não será perfeitamente horizontal no máximo dos casos, devido ao qual as forças gravitacionais estarão a atuar num ângulo em relação ao fluido contínuo, não exatamente vertical e, portanto, com duas componentes. Do mesmo modo, a tensão superficial da mistura ar-água também é afetada, uma vez que não se pode considerar que tenha valores padrão, pois também depende de vários factores, como a pureza do fluido, a temperatura, as curvaturas da superfície, etc. Também não se pode considerar que o comportamento do fluido da fase secundária, o ar, se comporte da forma padrão assumida pelo software. É interessante notar que, para as medições dos valores, são geralmente utilizados sensores de malha de arame que têm uma malha de fios eléctricos normais à direção do fluxo.

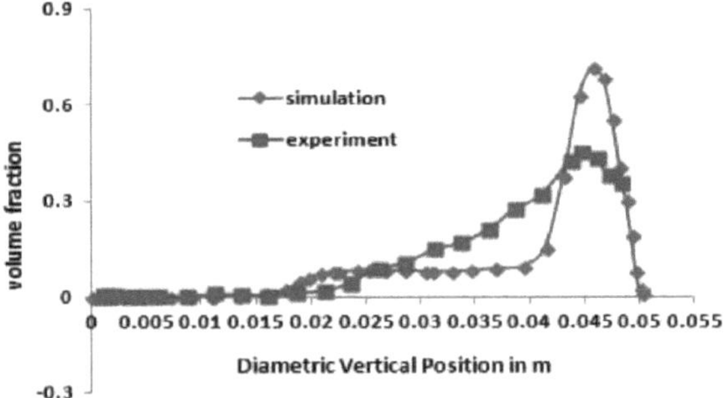

Figure 1.1 Gráficos de validação para o caso 1 da curva de fração de volume ao longo da posição vertical

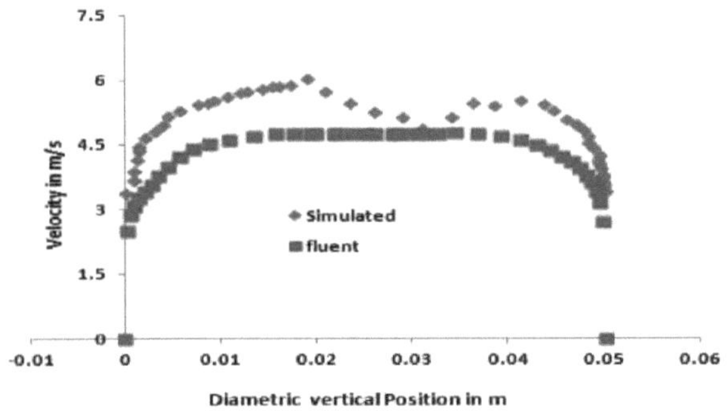

Figure 1.2 Gráficos de validação para o caso 1 da curva de velocidade ao longo da posição vertical

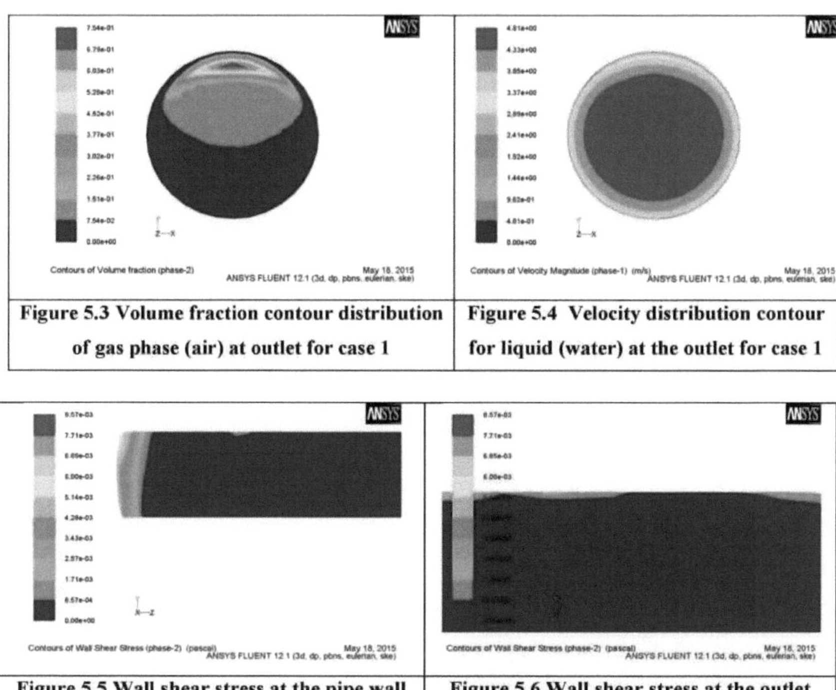

Figure 5.3 Volume fraction contour distribution of gas phase (air) at outlet for case 1

Figure 5.4 Velocity distribution contour for liquid (water) at the outlet for case 1

Figure 5.5 Wall shear stress at the pipe wall

Figure 5.6 Wall shear stress at the outlet

Observou-se que a variação da fração volumétrica ao longo da posição diametral vertical na saída e as variações de velocidade ao longo das posições diametrais horizontais e verticais têm variações entre os dados experimentais e os dados simulados, o que é obtido por simulação no ANSYS fluent 12.0. Mas é notável que ambas as curvas são muito próximas e dão resultados semelhantes, embora possam ser curvilíneas de forma diferente num determinado ponto.

É percetível que, uma vez que os sensores de malha de arame são aplicados na secção transversal, isso significa que, devido à diminuição da área efectiva, uma vez que o tubo é de pequeno diâmetro, os resultados serão afectados, pelo que foram feitas simulações para tubos de diâmetros diferentes. No trabalho experimental, o perfil da depressão da velocidade está a ser observado perto do centro do tubo, não é natural, mas algum obstáculo indesejado teria estado lá na parte do fluxo que pode ser devido a alguma parte do dispositivo de medição, este fenómeno foi representado na figura 5.2. Os contornos da fração de volume apresentados na figura 5.3 mostram que o gás está mais concentrado perto da posição superior da posição horizontal e o perfil de velocidade segue a natureza parabólica.

(a) Validação do caso 2 (V_{sg} = 0,8; V_{sl} = 5,1; α = 0,139)

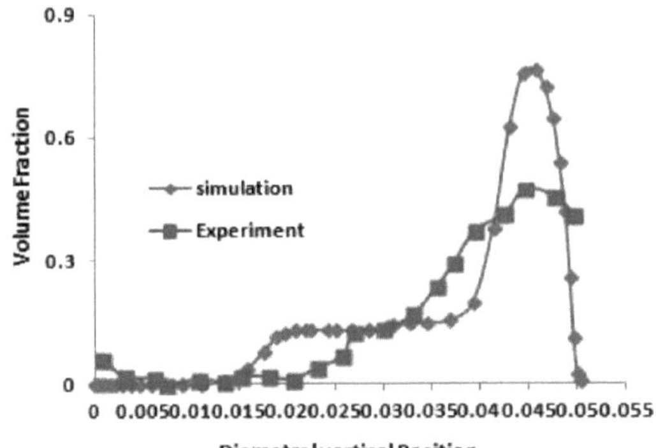

(a)

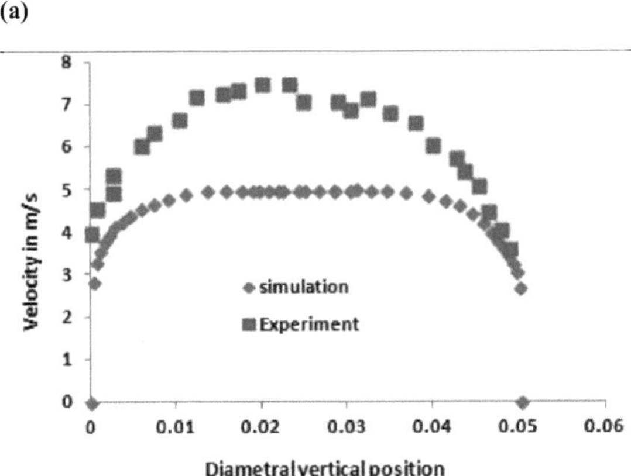

(b)

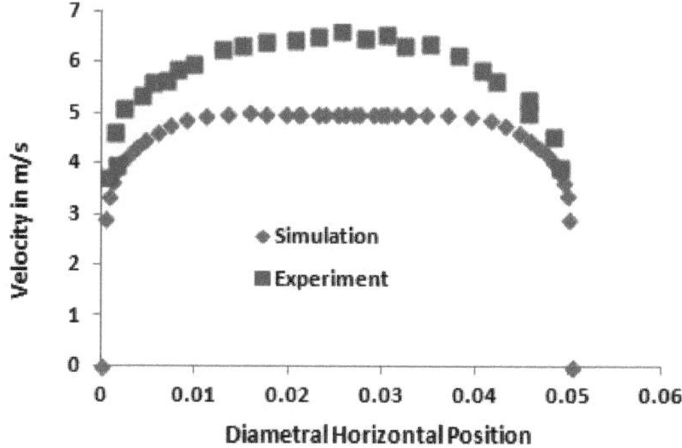

(c)

Fig 5.7 Gráficos de validação para o caso 2: (a) Variação da fração de volume ao longo da posição vertical na saída, (b) Variação da velocidade ao longo da posição vertical na saída, e (c) Variação da velocidade ao longo da posição horizontal na saída

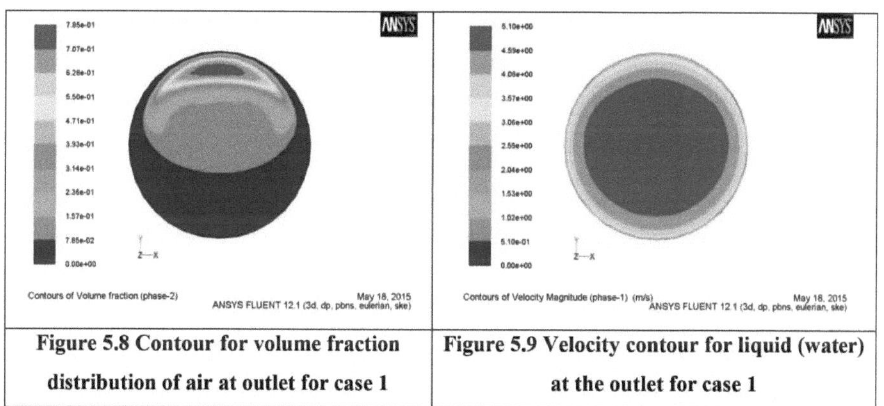

Figure 5.8 Contour for volume fraction distribution of air at outlet for case 1	**Figure 5.9 Velocity contour for liquid (water) at the outlet for case 1**

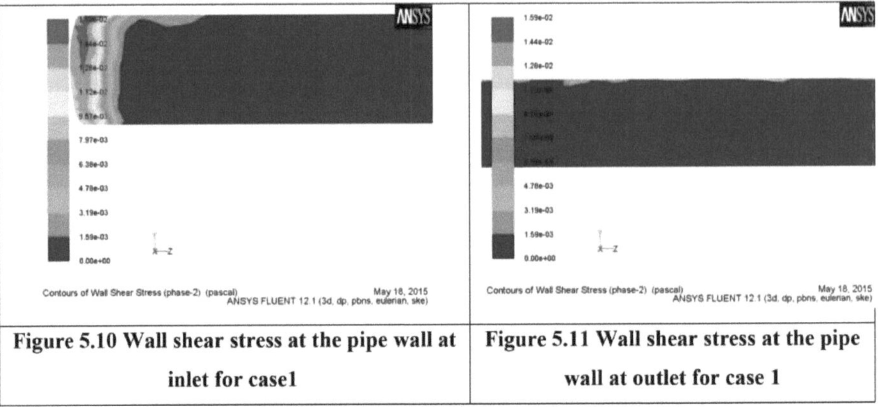

Figure 5.10 Wall shear stress at the pipe wall at inlet for case1	**Figure 5.11 Wall shear stress at the pipe wall at outlet for case 1**

No segundo caso, também se observou uma boa concordância com a experiência, mas há mais algumas variações na posição inferior do tubo. É de notar que, no caso 2, os perfis de velocidade são puramente parabólicos para a cura experimental e não foi observada qualquer depressão perto da posição média, o que justifica a nossa noção da presença de obstruções ao escoamento no primeiro caso. Também se efectuaram várias outras análises paramétricas para o caso 2 e observaram-se quase todas as mesmas variações para todos os parâmetros.

5.2 SIMULAÇÃO PARAMÉTRICA

É claramente visível que os resultados simulados estão em boa concordância com os resultados experimentais, mas as curvas não se sobrepõem exatamente, o que se deve a variações em alguns parâmetros que, em condições experimentais ideais, não se espera que variem, pelo que há pequenos desvios nos resultados simulados em relação aos resultados experimentais. Assim, estes parâmetros são analisados da seguinte forma

(a) Efeito da gravidade

Note-se que, com a inclinação do tubo, há uma diminuição da componente da constante gravitacional que actua na direção lateral do tubo horizontal, de tal forma que esta será o cosseno do ângulo de inclinação do valor da constante gravitacional padrão $[g' = g\cos\theta \ m/s^2]$

Inclination Angle(θ)	Gravitational constant($g' = g\cos\theta$)
$\theta = 90^0$	$g' = g\cos\theta = 0\ m/s^2$
$\theta = 59.322^0$	$g' = g\cos\theta = 5\ m/s^2$
$\theta = 36.869^0$	$g' = g\cos\theta = 7.84\ m/s^2$
$\theta = 25.841^0$	$g' = g\cos\theta = 8.82\ m/s^2$
$\theta = 0^0$	$g' = g\cos\theta = 9.8\ m/s^2$

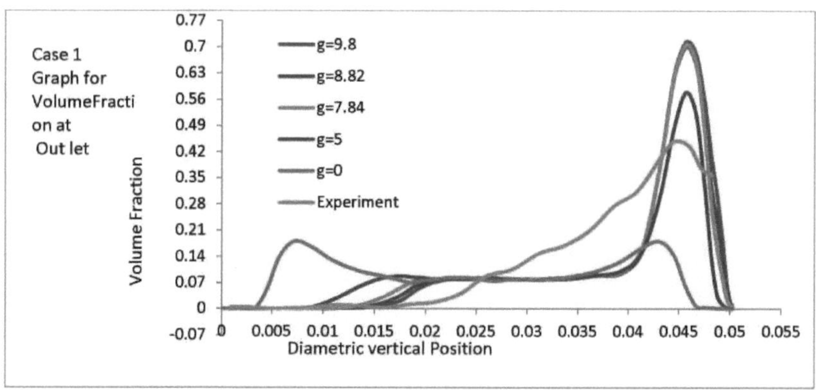

Figure 5.12 Variações nas fracções de volume para diferentes acelerações gravitacionais para o caso 1 ao longo da posição vertical diametral

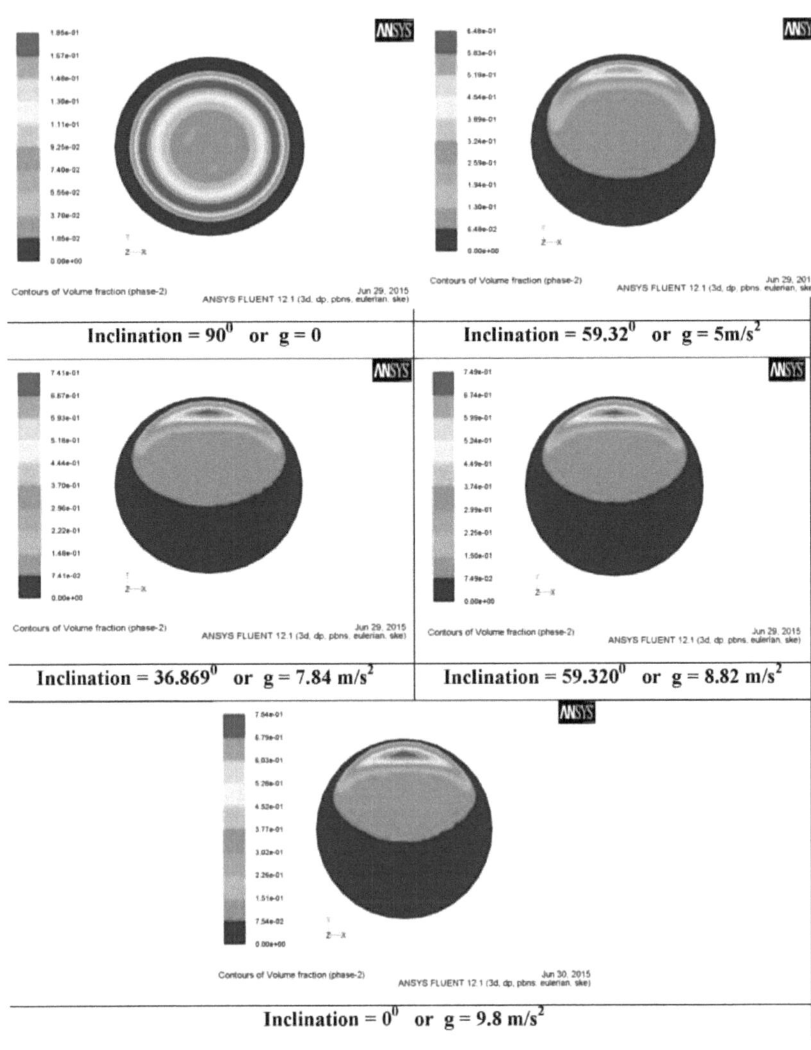

Figura 5.13 Contornos da fração volumétrica da fase 2 à saída para várias inclinações da tubagem para o caso 1

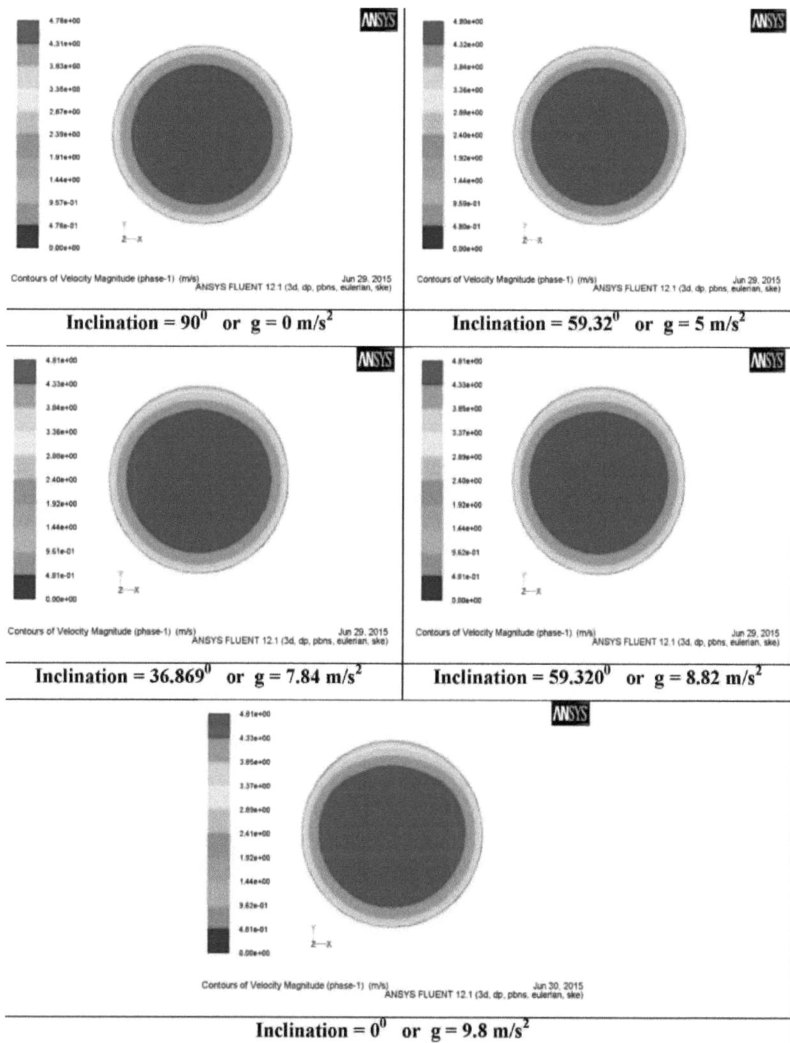

Figura 5.14 Contornos de velocidade da fase 1 à saída do caso 1 para várias inclinações da tubagem

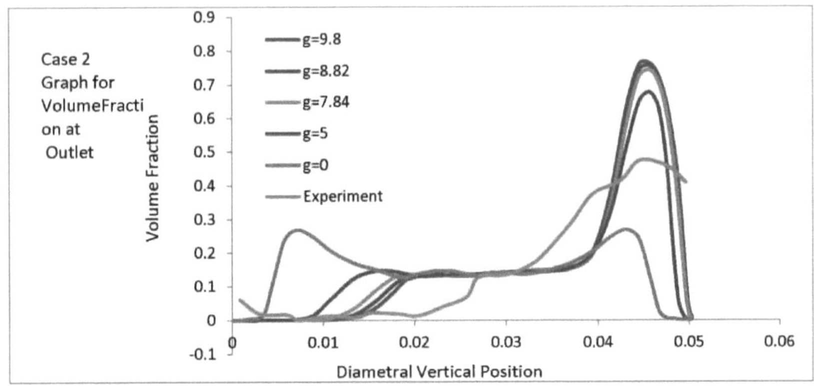

Figura 5.15 Variações das fracções de volume para diferentes constantes gravitacionais para o caso 2 ao longo da posição vertical diametral

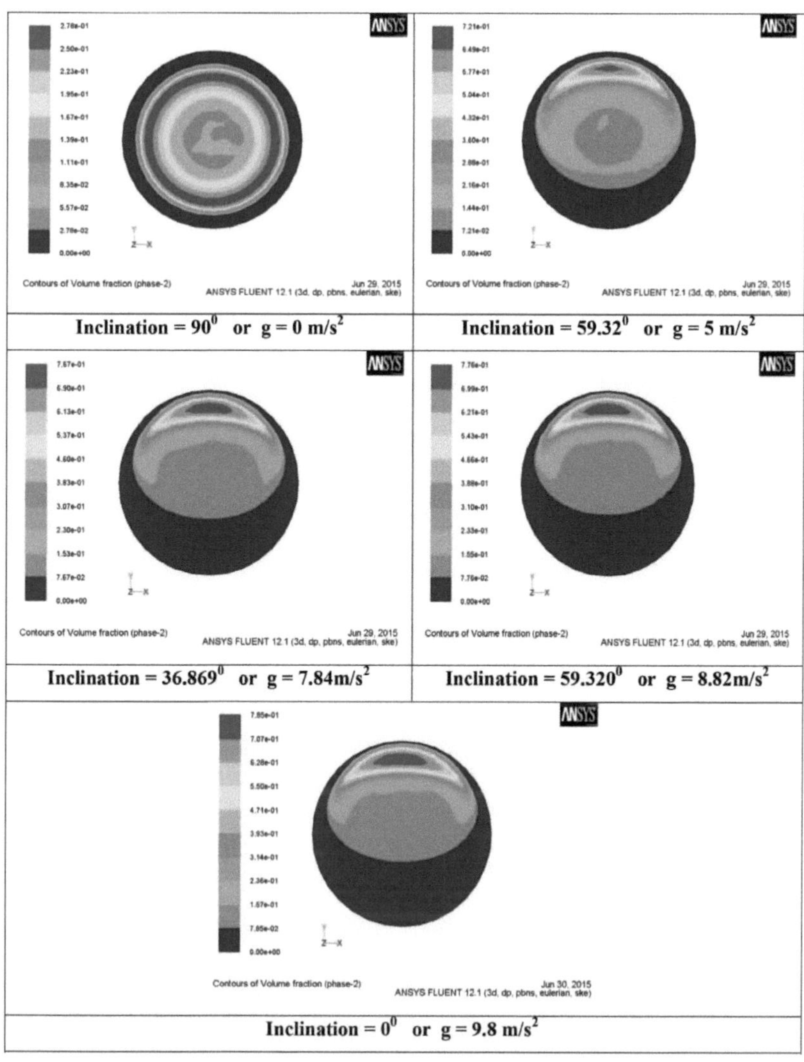

Figura 5.16: - Contornos da fração de volume da fase 2 à saída para diferentes inclinações da tubagem para o caso 2

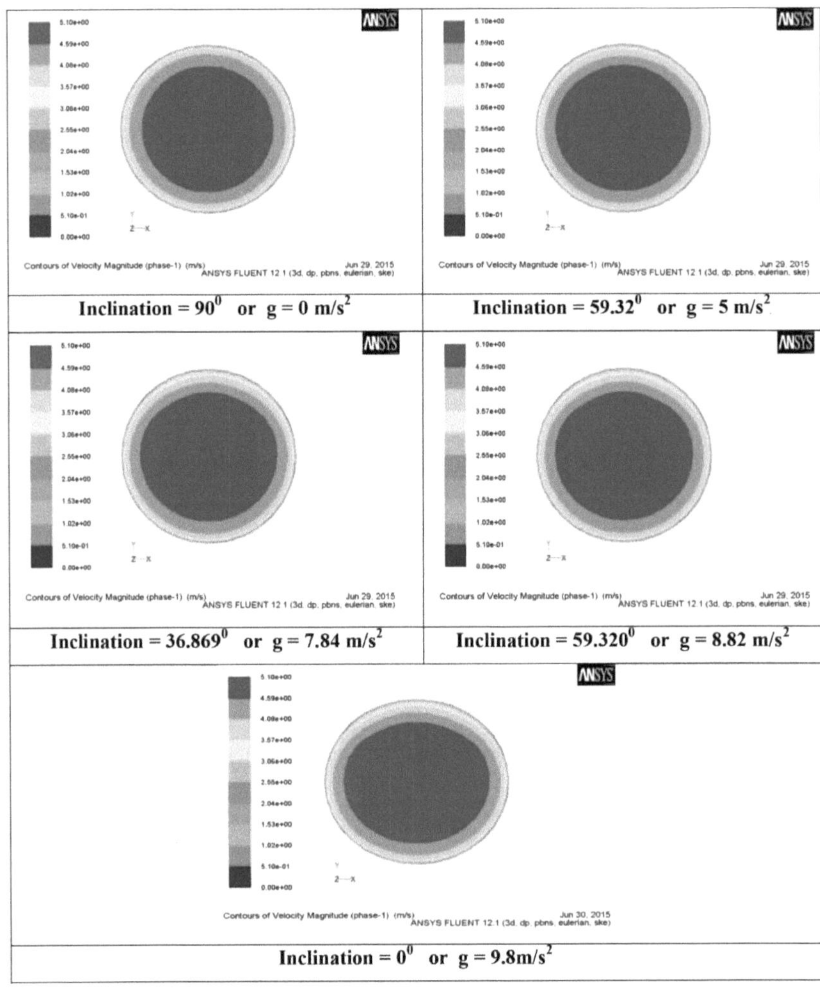

Figura 5.17 Contornos de velocidade da fase 1 à saída do caso 2 para várias inclinações da tubagem

Observa-se que, com a diminuição da constante gravitacional, há uma diminuição do pico das curvas de fração volumétrica, ou seja, uma diminuição da concentração de ar na posição superior. Observa-se que, em condições de ausência de gravidade, a fração volumétrica é distribuída simetricamente, apresentando picos nas posições superior e inferior do tubo. Assim, esta variação garante que, se o tubo não for perfeitamente horizontal, haverá uma diferença na distribuição das fases devido à inclinação ou ao gradiente.

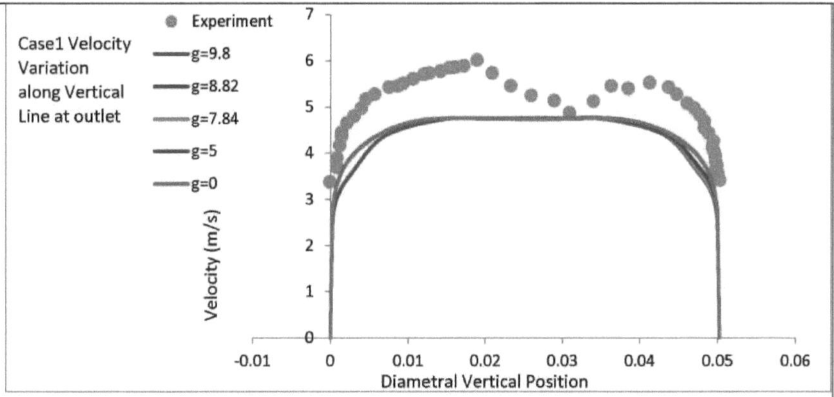

Figura 5.18 Variação da velocidade ao longo da posição diametral vertical para o caso 1

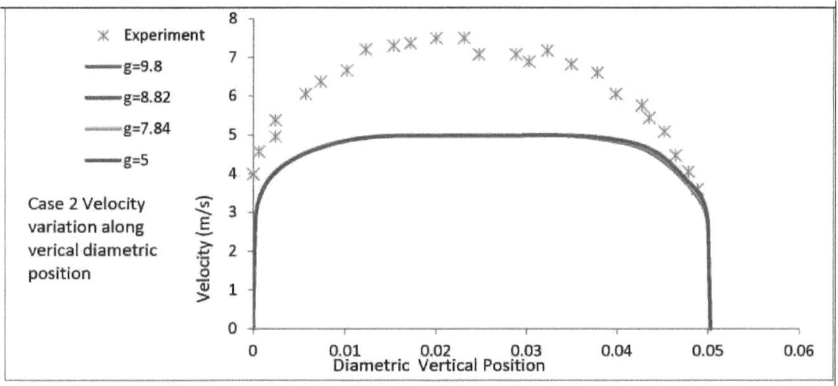

Figura 5.19 Variação da velocidade ao longo da posição diametral vertical para o caso 2

O efeito da gravidade é quase insignificante no caso do perfil de velocidade para todas as constantes gravitacionais.

Mas nota-se que há pequenas variações de velocidade ao longo da linha vertical e quase não há variação significativa na variação de velocidade ao longo da posição horizontal. Como se sabe, a gravidade actua verticalmente para baixo, pelo que o fluido sofre uma aceleração na direção vertical

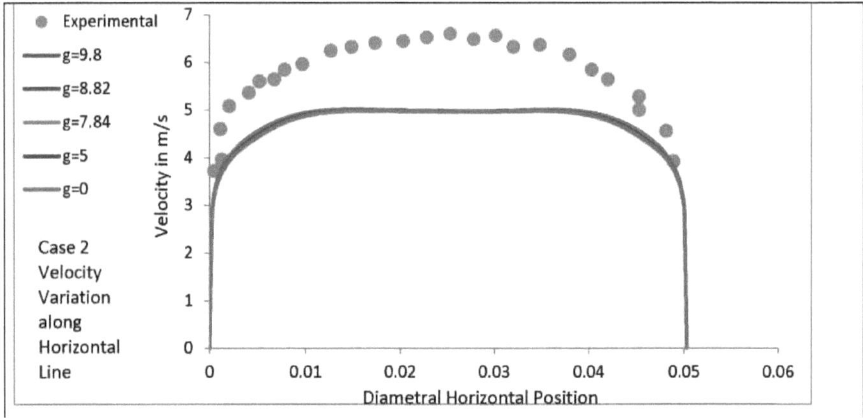

Figura 5.20 Variação da velocidade ao longo da posição diametral horizontal para o caso 2

(b) Efeito da tensão superficial

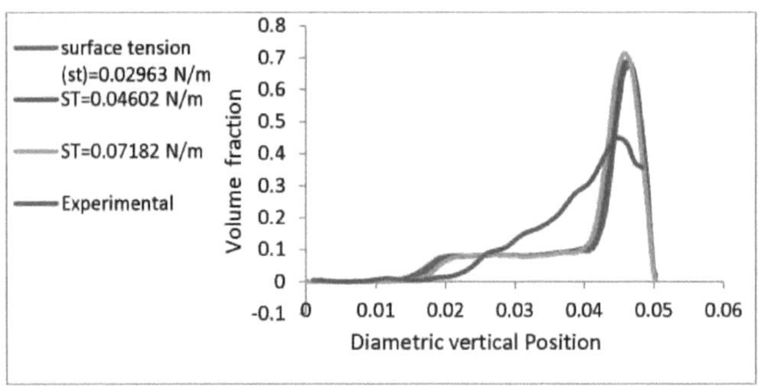

Figure 5.21 Efeito da tensão superficial na fração de volume para o caso 1

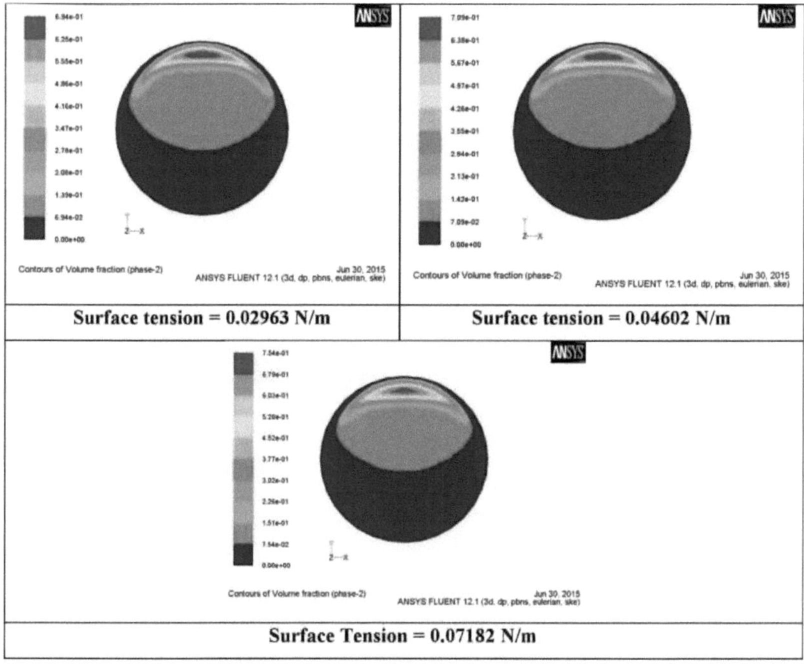

Figure 5.22 Contornos da fração volumétrica de gás à saída para diferentes constantes de superfície do caso1

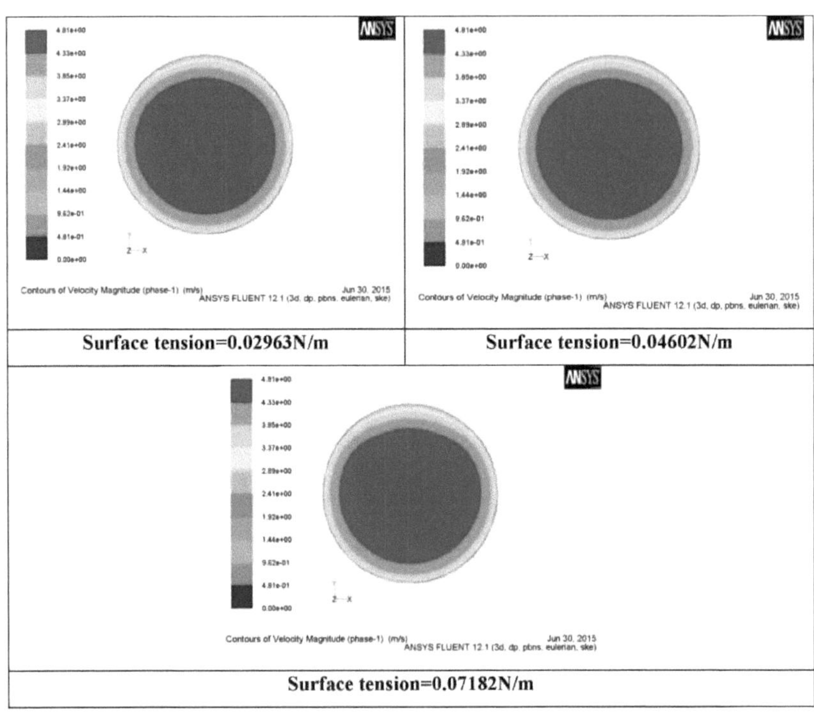

Figure 5.23 Contornos da velocidade do líquido à saída para diferentes constantes de superfície para o caso1

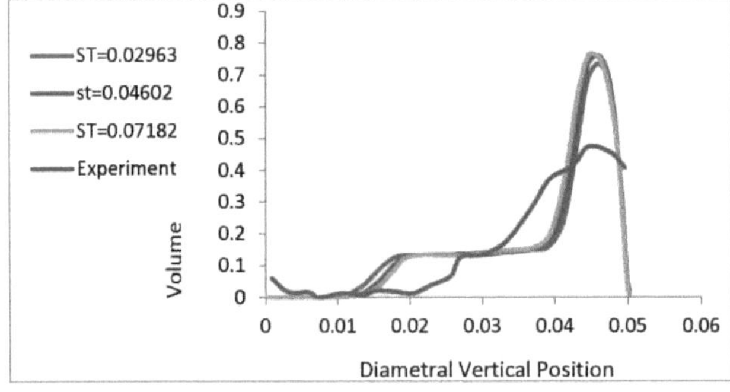

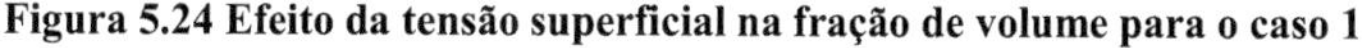

Figura 5.24 Efeito da tensão superficial na fração de volume para o caso 1

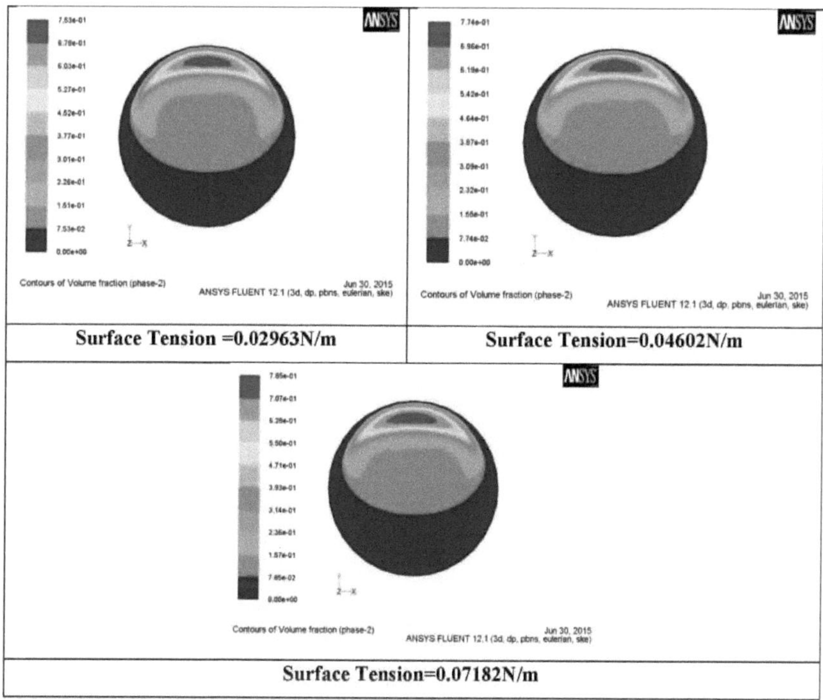

Figura 5.25 Contornos da fração volumétrica de gás à saída para diferentes constantes de superfície para o caso2

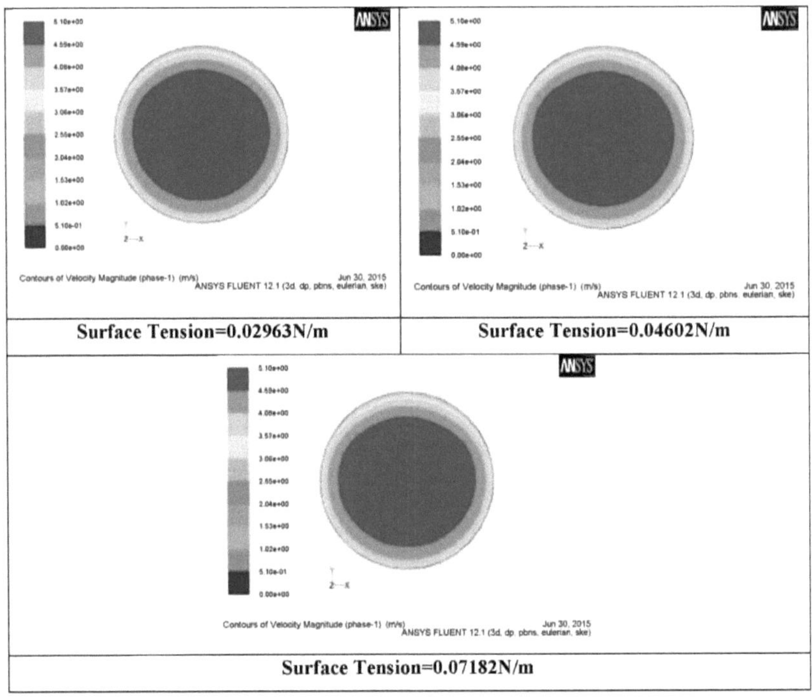

Figure 5.26 Contornos da velocidade do líquido à saída para diferentes constantes de superfície para o caso2

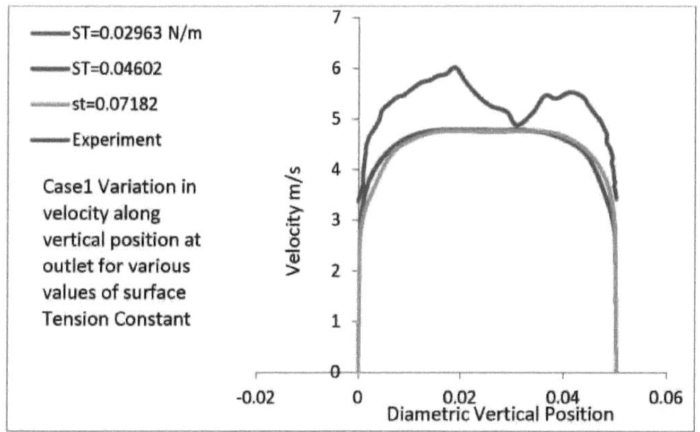

Figure 5.27 Variações da velocidade ao longo da linha diametral vertical à saída para vários valores das constantes de tensão superficial para o caso 1

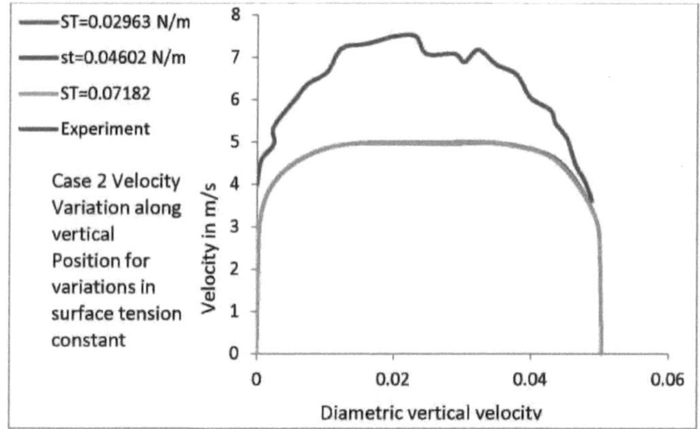

Figure 5.28 Variações da velocidade ao longo da linha diametral vertical à saída para vários valores das constantes de tensão superficial para o caso 2

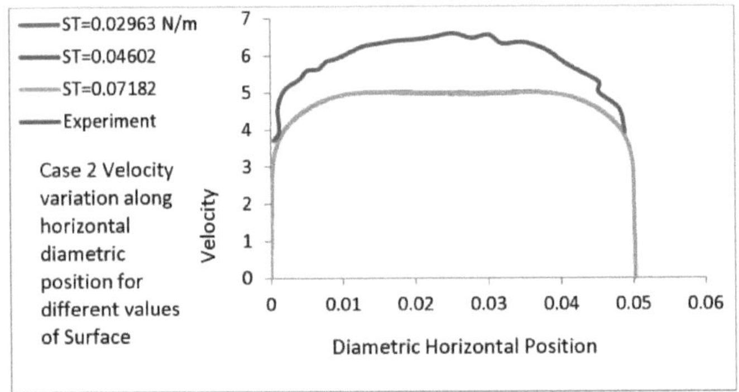

Figura 5.29 Variações da velocidade ao longo da linha diametral horizontal à saída para vários valores das constantes de tensão superficial para o caso 2

A tensão superficial depende de vários factores, como a temperatura, a área superficial, a pressão externa, a viscosidade, a concentração, as forças intermoleculares e a ligação de hidrogénio. Destes factores mencionados, pode haver variações na saída de factores como a área superficial, a pressão externa, a viscosidade, a concentração, as forças intermoleculares, etc., que levam à variação do valor da constante de tensão superficial em relação à solução padrão. As variações na fração volumétrica e as variações de velocidade na direção vertical indicam que o resultado está a ser afetado devido à variação da tensão superficial

(c) Análise comparativa do comportamento de diferentes gases com o ar no escoamento em tubagem horizontal

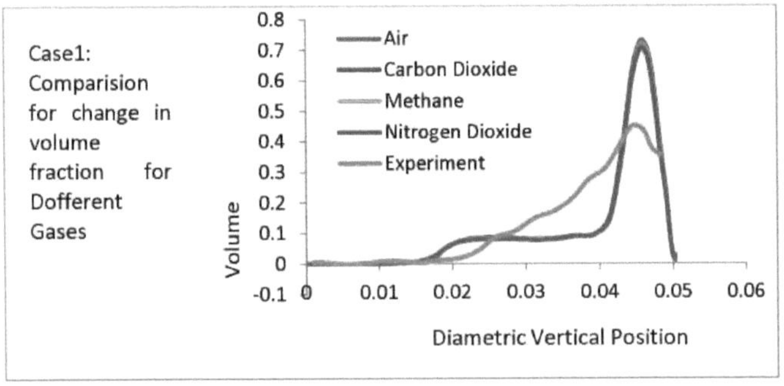

Figura 5.30 Efeito das variações da fração volumétrica para diferentes gases no caso 1

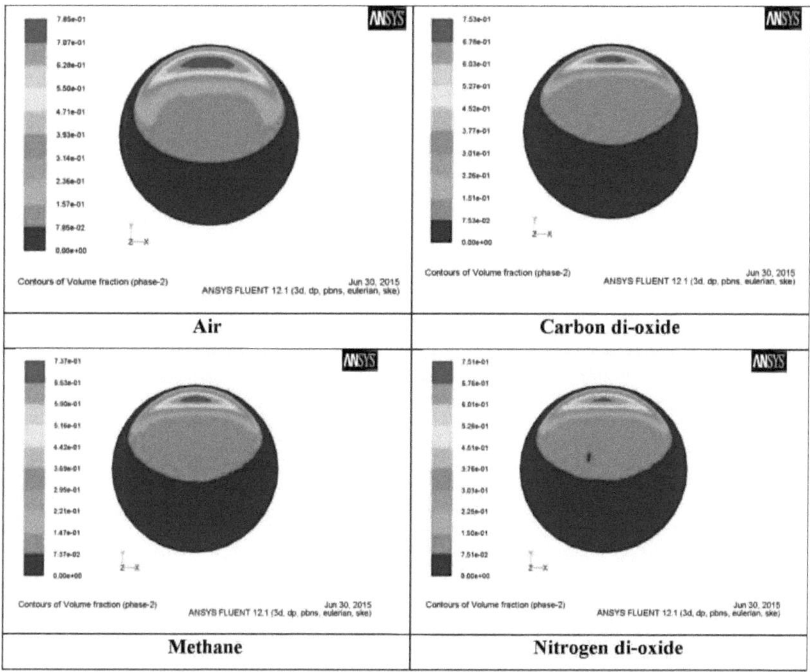

Air	Carbon di-oxide
Methane	Nitrogen di-oxide

Figure 5.31 Fracções volúmicas de gás à saída para diferentes caudais de gases

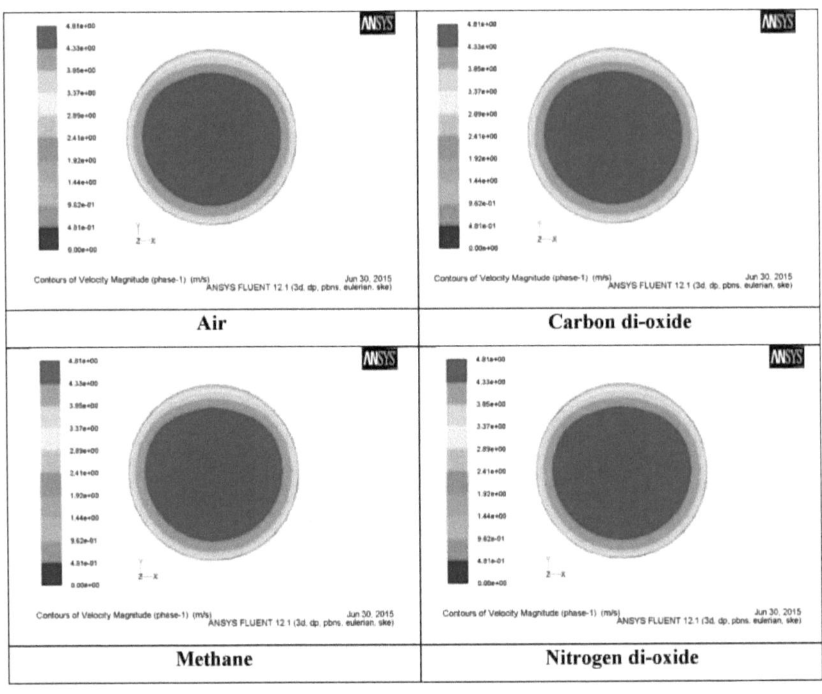

Figura 5.32 Contornos da velocidade do líquido à saída para diferentes gases para o caso 1

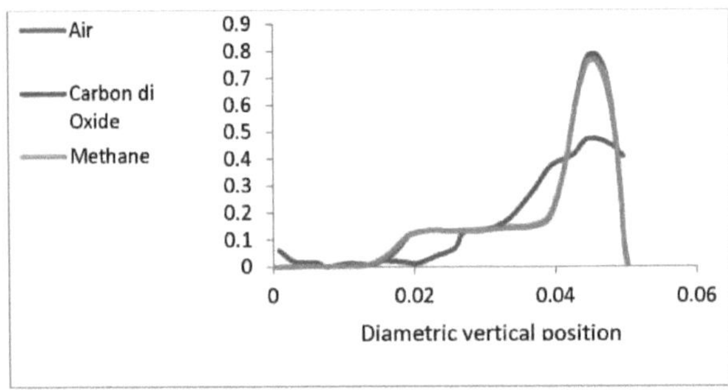

Figure 5.33 Variações na fração de volume para diferentes gases no caso 2

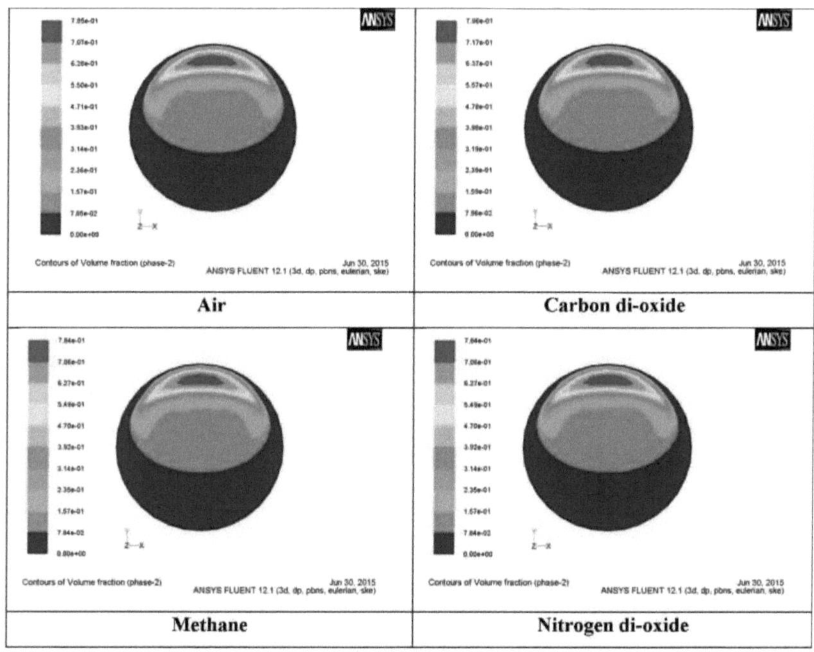

Figure 5.34 Fracções volumétricas de gás à saída para diferentes caudais de gases no caso 2

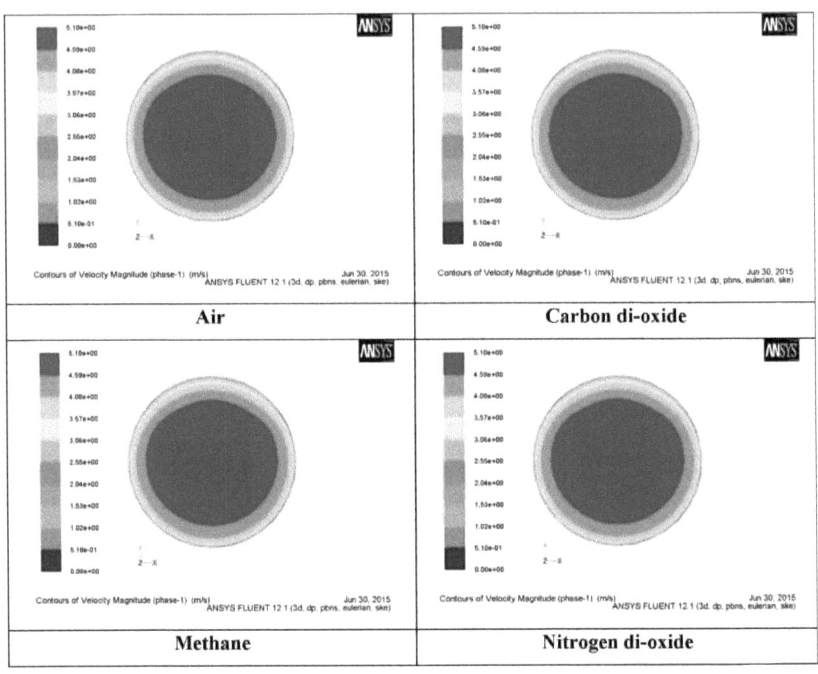

Figure 5.35 Contornos da velocidade do líquido à saída para diferentes gases para o caso 2

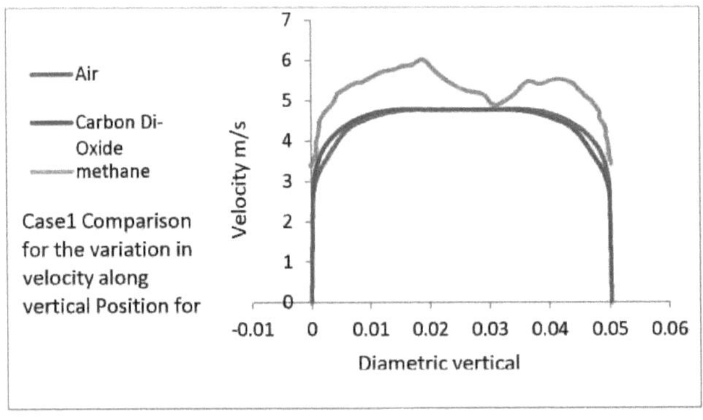

Figure 5.36 Variação do perfil de velocidade ao longo da posição vertical para diferentes

gases no caso 1

Observam-se muito poucas variações na fração de volume perto da posição superior, onde o ar se acumula, e também se observam muito poucas variações perto do centro, que é afetado devido à variação na distribuição das fases perto da posição superior do tubo horizontal

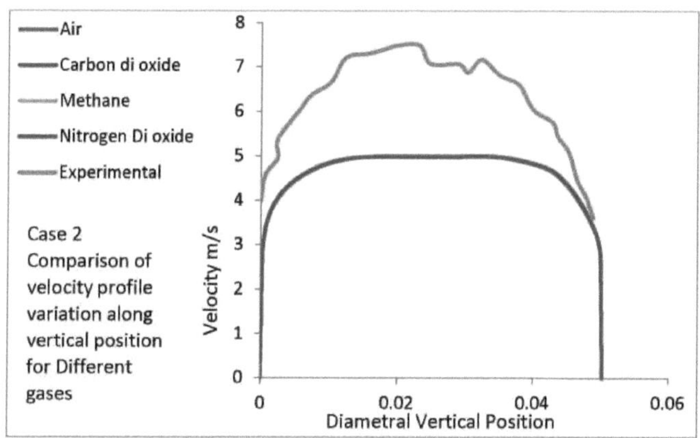

Figure 5.37 Variação do perfil de velocidade ao longo da posição vertical para diferentes gases no caso 2

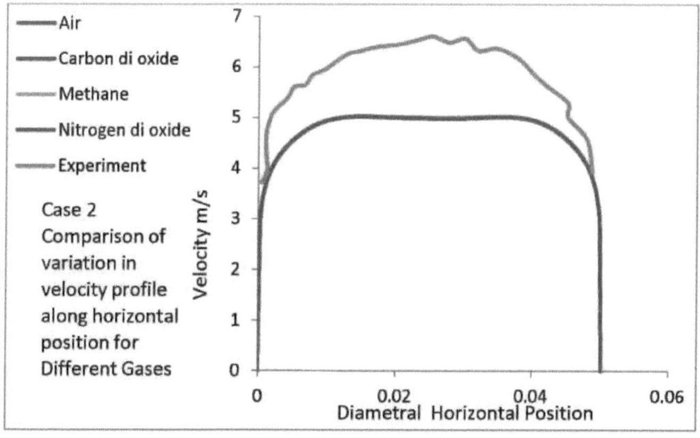

Figure 5.38 Variação do perfil de velocidade ao longo da posição horizontal dos gases para

o caso2

(d) Efeito das variações do diâmetro do tubo

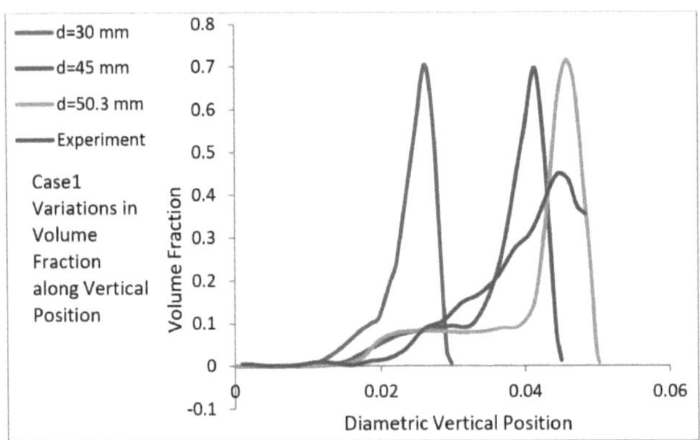

Figure 5.39 Variação da fração de volume para diferentes diâmetros de tubo para o caso 1

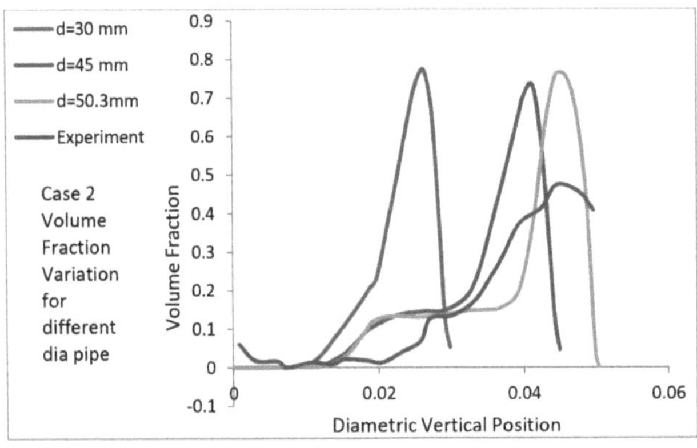

Figure 5.40 Variação da fração volumétrica para diferentes diâmetros de tubo para o caso 2

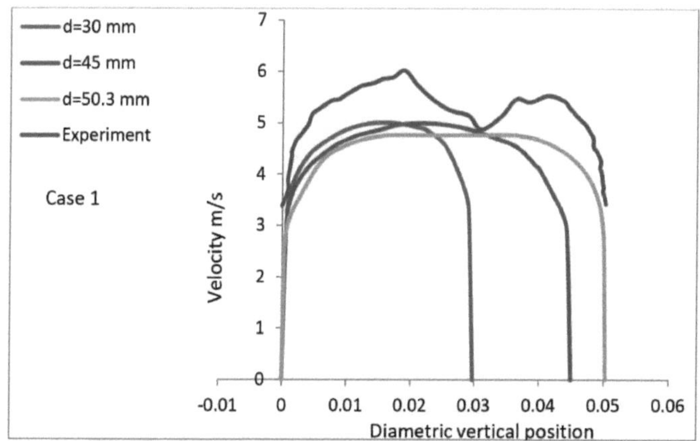

Figura 5.41 Variação da velocidade ao longo das posições diametrais verticais para diferentes diâmetros de tubos para o caso 1

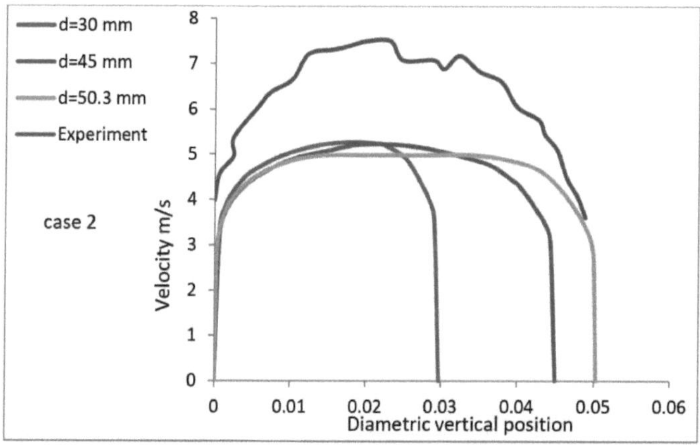

Figura 5.42 Variação da velocidade ao longo das posições diametrais verticais para diferentes diâmetros de tubo para o caso 1

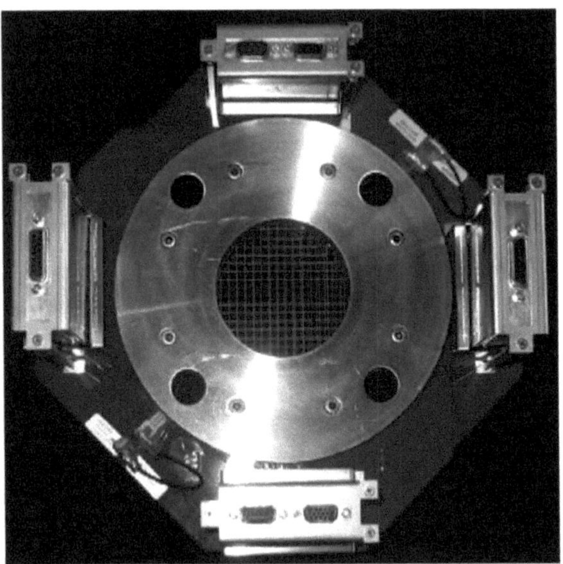

Figura 5.43 Sensor de rede metálica

É claramente visível a partir dos gráficos que o sensor de malha de arame está a reduzir a área efectiva, uma vez que os fios na malha também têm uma certa espessura, pelo que a velocidade parece estar a aumentar com a diminuição do diâmetro, o que justifica as variações no resultado experimental e simulado. Também se nota que as curvas da fração volumétrica também se tornam mais tendenciais com a diminuição do diâmetro

5.3 PROBLEMAS DE CONVERGÊNCIA E FONTES DE ERRO

Se uma simulação não convergisse, apesar de ter sido permitida a execução de vários milhares de iterações e com a manipulação do passo de tempo, sob factores de relaxamento, critérios de inicialização, as tentativas de encontrar uma solução convergente eram terminadas. Uma maior manipulação da inicialização e/ou de outros parâmetros relacionados com a convergência poderia resultar na convergência destes casos, mas devido ao período de tempo limitado durante o qual este projeto foi realizado, foi necessário restringir o tempo despendido em cada caso individual.

Para algumas das simulações, a convergência foi alcançada, mas com dificuldade. As seguintes estratégias foram consideradas bem-sucedidas para melhorar a convergência: redução dos factores de relaxação, alteração do tipo de inicialização, alteração do passo de tempo e início das simulações sem resolver a equação da fração de volume. Reduzir os fatores de relaxamento e alterar a estimativa inicial são formas comuns de melhorar a convergência, tanto para simulações de escoamento monofásico quanto multifásico (ANSYS Fluent Theory Guide 2011 e ANSYS CFX Theory Guide 2011). A escolha de um passo de tempo baixo também é uma prática comum para melhorar o comportamento da convergência. No entanto, no escoamento multifásico existe frequentemente uma grande separação de escalas, o que significa que diferentes fenómenos de escoamento podem ter escalas de tempo muito diferentes. Por conseguinte, podem ser necessários passos temporais de magnitude variável para captar os diferentes fenómenos. Verificou-se neste estudo que a alternância entre um passo de tempo maior e um passo de tempo menor poderia acelerar significativamente a taxa de convergência ou mesmo conduzir a uma convergência estável para casos que apresentavam resíduos altamente oscilantes quando era utilizado apenas um passo de tempo baixo. Para as simulações em que houve problemas no arranque, uma boa solução foi iniciar as simulações sem resolver a equação da fração de volume e deixar os campos de velocidade e pressão desenvolverem-se durante algumas centenas de iterações antes de começar a resolver a equação GVF.

São identificadas algumas possíveis fontes de erro para as simulações numéricas. Tal como referido anteriormente, foi demonstrado em vários estudos experimentais que o padrão de escoamento à entrada tem um grande efeito na distribuição de fases à saída. Nas simulações CFD, são implementadas condições de fronteira numéricas que devem representar e corresponder à realidade, que neste caso é representada pela experiência. Devido à complexidade da realidade e à informação incompleta no artigo sobre a experiência, é quase impossível definir condições de fronteira que correspondam exatamente à experiência. Se as condições de entrada forem diferentes das da experiência, isso pode alterar o padrão do fluxo de entrada que, por sua vez, pode afetar a distribuição das fases.

Devido ao tempo limitado desta tese, não foi efectuado qualquer estudo de independência da malha. Por conseguinte, a solução pode estar dependente da malha utilizada e é possível que a solução fosse mais consistente com os dados experimentais se fosse utilizada outra malha. No entanto, existem requisitos contraditórios quanto à dimensão da malha no que respeita à modelação multifásica com modelos de dois fluidos. A escala de comprimento da malha deve ser significativamente maior do que o diâmetro da fase dispersa, a fim de obter a média correta em cada célula. No entanto, para resolver as camadas limite e ter em conta o elevado gradiente de velocidade junto às paredes, é necessário um tamanho de célula pequeno. Isto torna a escolha da malha complicada e pode acontecer que, com mais refinamentos, a solução se torne imprecisa.

CAPÍTULO 6. COMPREENSÃO SUMÁRIA E FUTURAS DIRECÇÕES DE INVESTIGAÇÃO

O objetivo desta tese foi desenvolver um modelo matemático de previsão aproximada para o escoamento multifásico de ar-água numa tubagem horizontal e investigar o efeito da alteração dos parâmetros de simulação através de simulações numéricas. A partir das simulações numéricas, é evidente que a abordagem de Euler-Euler é a mais adequada. A configuração do software fluente obtida está a prever boas concordâncias com os dados experimentais. Embora existam pequenas variações em ambos os valores, o que nos permitiu explorar e investigar os parâmetros que afectam os fenómenos de distribuição de fases e que mais modificações devem ser feitas nas configurações actuais, também são necessárias algumas modificações no solucionador para melhorar os resultados. As conclusões que retiramos do presente trabalho são que, quando o tubo horizontal é sujeito a uma inclinação, a distribuição de fases e outros parâmetros apresentam alterações significativas. Além disso, os dispositivos de medição que estão a ser implementados na saída do tubo levam a interferir com os resultados do escoamento, o que é também uma das principais causas das pequenas variações nos resultados. É notório que a gravidade, embora afecte significativamente a fração volumétrica, não tem grande efeito no perfil de velocidade, afectando ligeiramente as variações de velocidade ao longo da posição vertical, e a tensão superficial também mostra os seus efeitos na solução. A alteração da área efectiva também afectou significativamente os resultados e aproxima-se mais dos dados experimentais, o que indica que, devido à interferência de dispositivos de medição como os sensores de rede metálica, existem variações nos dados simulados e nos dados experimentais.

No entanto, pode concluir-se que existe uma interação muito complexa entre as fases e os parâmetros de simulação quando se realizam simulações numéricas multifásicas. A importância de parâmetros específicos varia consoante a aplicação estudada, pelo que é difícil dar quaisquer recomendações gerais sobre a escolha de parâmetros/configurações.

6.1 ORIENTAÇÕES FUTURAS DA INVESTIGAÇÃO

Para poder tirar conclusões sólidas e decidir quais as configurações que funcionam melhor para o fluxo multifásico na aplicação de tubagem horizontal. Como se concluiu, as simulações de escoamento multifásico envolvem um grande número de parâmetros e modelos e, devido ao tempo limitado, muitos desses parâmetros não foram investigados neste estudo. Para propor modelos/configurações que resultem numa melhor concordância com os dados experimentais, especialmente no que respeita aos perfis locais, poderá ser efectuado um estudo mais aprofundado sobre a modelação equilibrada da população, bem como sobre o efeito da adição de outras forças de interesse.

Também devem ser feitos estudos com base noutras experiências, especialmente experiências com outros padrões de fluxo de entrada do que na experiência em que esta tese se baseia. É necessário alterar mais alguns parâmetros e efetuar simulações com maior precisão para obter melhores resultados.

REFERÊNCIAS

1. K. Ohba, T. Itoh, Técnica de atenuação da luz para medição da fração de vazios em escoamento bifásico com bolhas. II. Experiência, Tech. Rep. Osaka Univ. 28 (1978) 495-506.

2. S.K. Wang, S.J. Lee, Jones O.C.Jr., R.T. Lahey Jr., Estrutura de turbulência tridimensional e medições de distribuição de fase em fluxo bifásico borbulhante, Int. J. Multiphase Flow 23 (1987) 327-340.

3. I. Zun, Mechanism of bubble non-homogeneous distribution in two-phase shear flow, Nucl. Eng. Des. 118 (1990) 155-162.

4. M. Lance, J.M. Bataille, Turbulência na fase líquida num fluxo uniforme de água com ar borbulhante, J. Fluid Mech. 222 (1991) 95-118.

5. T.J. Liu, S.G. Bankoff, Structure of air-water bubbly flow in a vertical pipe. I. Medições da velocidade média do líquido e da turbulência, Int. J. Heat Transfer 36 (1993) 1049-1060.

6. T.J. Liu, S.G. Bankoff, Structure of air-water bubbly flowin a vertical pipe. II. Fração de vazio, velocidade da bolha e distribuição do tamanho da bolha, Int. J. Heat Transfer 36 (1993) 1061-1072.

7. T. Hibiki, S. Hogsett, M. Ishii, Medição local da área interfacial, velocidade interfacial e turbulência líquida em escoamento bifásico, em: LOECD Meeting on Instrumentation, Santa Barbara, CA, 1997.

8. C. Suzanne, K. Ellingsen, F. Risso, V. Roig, Local measurement in turbulent bubbly flows, Nucl. Eng. Des. 184 (1998) 319-327.

9. T. Hibiki, M. Ishii, Estudo experimental sobre o transporte de área interfacial em fluxos bifásicos com bolhas, Int. J. Heat Mass Transfer 42 (1999) 3019-3035.

10. G. Kocamustafaogullari, Z. Wang, Um estudo experimental sobre os parâmetros interfaciais locais num fluxo bifásico horizontal borbulhante, Int. J. Multiphase Flow 17 (1991) 553-572.

11. G. Kocamustafaogullari, W.D. Huang, J. Razi, Medição e modelação de fracções de vazio médias, tamanho das bolhas e área interfacial, Nucl. Eng. Des. 148 (1994) 437-453.

12. G. Kocamustafaogullari,W.D. Huang, Internal structure and interfacial velocity development for bubbly two-phase flow, Nucl. Eng. Des. 151 (1994) 79-101.

13. A. Iskandrani, G. Kojasoy, Fração de vazio local e descrição do campo de velocidade em escoamento borbulhante horizontal, Nucl. Eng. Des. 204 (2001) 117-128.

14. G.W. Govier, K. Aziz, The flow of complex mixtures in pipes, Van Nostrand Reihold Company, New York, 1972.

15. P. Andreussi, A. Paglianti, F.S. Silva, Dispersed bubble flow in horizontal pipes, Chem. Eng. Sci. 54 (1999) 1101-1107.

16. D. Barnea, A unified model for predicting flow pattern transitions from the whole range of pipe inclination, Int. J. Multiphase Flow 13 (1987) 1-12.

17. J. Li, M. Kwauk, Particle Fluid Two-phase Flow, Metallurgical Industry Press, Beijing, 1994.

18. T.L. Holmes, T.W.F. Russell, Horizontal bubble flow, Int. J. Multiphase Flow 2 (1975) 5166.

19. D.R.H. Beattie, Flow characteristics of horizontal bubbly pipe flow, Nucl. Eng. Des. 163 (1996) 207-212.

20. H. Luo, H. Svendsen, Theoretical model for drop and bubble break-up in turbulent dispersions, AIChE J. 42 (1996) 1225-1233.

21. M.J. Prince,H.W. Blanch, Bubble coalescence and break-up in air sparged bubble columns, AIChE J. 36 (1990) 1485-1499.

22. A.K. Chesters, G. Hoffman, Bubble coalescence in pure liquids, Appl. Sci. Res. 38 (1982) 353-361.

23. J.C. Rotta, Turbulente Stromungen, B.G. Teubner, Stuttgart, 1974.

24. H. Anglart, O. Nylund, CFD application to prediction of void distribution in two-phase bubbly flows in rod bundles, Nucl. Sci. Eng. 163 (1996) 81-98.

25. R.T. Lahey Jr., D.A. Drew, The analysis of two-phase flow and heat transfer using multidimensional, four field, two-fluid model, Nucl. Eng. Des. 204 (2001) 29-44.

26. J.B. Joshi, Computational flow modeling and design of bubble column reactors, Chem. Eng. Sci. 55 (21/22) (2001) 5893-5933.

27. M. Ishii, N. Zuber, Drag coefficient and relative velocity in bubbly, droplet or particulate flows, AIChE J. 25 (1979) 843-855.

28. I. Zun, The transverse migration of bubbles influenced by walls in vertical bubbly flow, Int. J. Multiphase Flow 6 (1980) 583-588.

29. N.H. Thomas, T.R. Auton, K. Sene, J.C.R. Hunt, Entrapment and transport of bubbles by transient large eddies in turbulent shear flow, in: Conferência Internacional da BHRA sobre a Modelação Física do Escoamento Multifásico, 1983.

30. D.A. Drew, S.L. Passman, Theory of Multicomponent Fluids, Springer-Verlag, New York, NY, 1999.

31. A. Tomiyama, H. Tamai, I. Zun, S. Hosokawa, Transverse migration of single bubbles in simple shear flows, Chem. Eng. Sci. 57 (11) (2002)1849-1858.

32. M.A. Lopez de Bertodano, Turbulent bubbly two-phase flowin a triangular duct, Ph.D. dissertation, Rensselaer Polytechnic Institute, 1992.

33. S.P. Antal, R.T. Lahey, J.E. Flaherty, Analysis of phase distribution in fully developed laminar bubbly two phase flow, Int. J. Multiphase Flow 7 (1991) 635.

34. Y. Sato, K. Sekoguchi, Liquid velocity distribution in two-phase bubbly flow, Int. J. Multiphase Flow 2 (1975) 79-95.

35. B.E. Launder, D.B. Spalding, Mathematical Models of Turbulence, Academic Press, Londres, GB, 1972.

36. S. Lo, Application of the MUSIG model to bubbly flows, AEAT-1096, AEA Technology, junho de 1996.

37. Shimpei Ojima, Kosuke Hayashi, Shigeo Hosokawa, Akio Tomiyama, simulação CFD do escoamento bifásico borbulhante em tubos horizontais

38. Jeremy O; McCaslin ; Olivier Desjardins (agosto de 2014): Investigação numérica dos efeitos gravitacionais no escoamento anular horizontal líquido-gás

39. Ekambara, K. "CFD simulation of bubbly two phase flow in horizontal pipes", Chemical Engineering Journal, 20081015]

40. K. Ekambara, R. Sean Sanders, K. Nandakumar, e J. H. Masliyah, "CFD Modeling of GasLiquid Bubbly Flow in Horizontal Pipes: Influence of Bubble Coalescence and Breakup", International Journal of Chemical Engineering, 2012, http://dx.doi.org/10.1155/2012/620463Research Artigo.

Printed by Books on Demand GmbH, Norderstedt / Germany